超水平发挥
心理素质训练手册

[美] D.C.冈萨雷斯（D.C. Gonzalez） 著
[美] 爱丽丝·麦克维（Alice McVeigh）

付金涛 译

The Art Of Mental Training

A Guide to Performance Excellence

序

虽然我从未见过利奥-泰老师（Leo-tai）愤怒的样子，但却是他教会我如何利用愤怒这种力量，以及如何有效地改变它的方向的。

他告诉我："丹尼尔-圣（Daniel-san）①，你必须学会利用愤怒，而不是在愤怒面前失控。必须像一名微笑的刺客一样，学会引导愤怒，让它帮助你进一步增强决心。如

---

① 指本书作者——编者注

果你在愤怒面前失去自控,那么最终获胜的就将是你的对手。"

在这一概念的帮助下,有那么几次,我甚至不用开打,就轻轻松松地"击败"了对手。有时,你什么也不用说,只需用眼神跟对手交流。仅仅是这样一个眼神,就可以让一方成为捕食者,而让另一方成为猎物:即一方成为刺客,另一方成为被刺杀的对象。"有时候恰恰就是这种潜意识层面的交流使一个人不费吹灰之力取得胜利……"利奥-泰曾这样对我说。

就像当初非常容易地溜进我的生活一样,在将自己打算教给我的东西都传授完毕之后,他又悄悄地从我的生活中溜走了。尽管我尽了自己的最大努力(动用了作为一位联邦特工所能调用的一切资源),但依然没有发现任何与他有关的财务、资产记录,他的家庭住址、家人信息以及联系方式……他就这样消失了。除了教给我的东西,以及记忆中在对我的成功感到惊喜时露出的一抹微笑之外,他什么都没有留下。

我上次听到利奥-泰的消息还是在很多年前,信息来源于一个并不可信的人。最近，我在纽约市出席活动时见到一位举止优雅的老妇人，她是一位爱尔兰巫师。她不仅在通灵这一领域赢得了世人的认可和尊重，而且还出过几本书。当时，她正在进行巡回演讲，我们风云际会。

"你是位老师，"我们一见面她便如是说道，"我能感觉到有很多学生仰慕你。"

我笑了笑，既没承认，也没否认。不过，她却继续说："我从一个人那儿得到了这条明确的信息。他刚刚穿过这里，并且想让我告诉你一些事情。他说你们不仅是今生的好朋友，并且同为前世的伟大勇士。他想让我告诉你，在你教导别人时，他也一直与你同在。"

"哦，真的吗？"我回答说，就像一位老练的联邦特工，永远不会相信线人口中说出的每一个字。

"真的，他说他叫利奥–泰。"她回答道，明显对我的疑虑感到很生气。

"你刚才说那个人叫利奥–泰？"我的声音有些颤抖，也有些惊讶。

"是的，利奥–泰。"她的眼神稍稍偏向别处，仿佛是在搜寻一段遥远的记忆。然后又突然看着我,非常确定地重复了一遍。

"他是一个老迈的灵魂,并且非常了解远东地区。但是,请告诉我,你是怎么认识这位老师的?他又教了你些什么?"

但是我却久久没有回答……因为我知道我的老朋友已经不在了。

作者寄语

欢迎走进《超水平发挥》这本书。

运动心理训练一直被称作"成功学"。但是请你不要误会。如果你认为书中提到的一些理论只适用于运动和运动员，那你就错了。在日常生活中，来自各行各业，面临各种情况的勇士，都可以从本书所传递的知识和技巧中获益良多。不论你从事什么样的职业，或者面临怎样的挑战，《超水平发挥》一书都可以帮你将自己的表现、成就以及个人成功提升到另外一个层次。

不论何时，当你要参与到某一项活动中时，你表现出的能量都会与当时的心理状况交织在一起。但最终影响你的表现的始终是这种交织关系下产生的情绪和情感。

比如，如果这种交织关系带来了一些类似紧张、愤怒或者恐惧等意料之外的情绪，作为勇士和冠军，你就必须掌握正确的知识、工具和技巧，以确保这些情绪不会影响到自己的表现。

冠军们知道这样做可以让他们表现得更好——每个人都可以从中学会该怎样做。但是，只有那些打算学习和练习心理训练技巧的人才可以收获所有益处，将自我表现提升到最高水平。

在进行一场比赛之前，你越自信，内心的自我对话、态度越积极，注意力越集中，心境越好，你在比赛中面对突发情况时就可以表现得越好。

明白了为了培养理想的心态需要做出哪些努力，掌握了理想的心态所需的知识、工具和技巧之后，勇士和冠军才能保证在各个方面表现得最好。

因此，初学者需要明白的一点是：

你头脑里所想的东西会直接影响你的最终表现。

目 录

序 ·· 001

作者寄语 ·· 005

第一部分 / 001
心理控制始于一个"决定"

  第一章 "三分钟"一课 ···················· 003

  第二章 关于态度 ································ 009

第二部分 / 017
人必须不断练习技巧，才能成为想成为的人

  第三章 赢得心理优势 ························ 019

  第四章 学习驾驶海军战机 ················ 025

第五章	自我信念的重要性	032
第六章	幻想工程与自信	038
第七章	三个决定性的技巧	042
第八章	内心强大的勇士	052

第三部分 / 057
当你遇到挫败的时候

第九章	控制愤怒	059
第十章	有人开枪	063
第十一章	论失败	074
第十二章	害怕失败	081
第十三章	控制恐惧	085
第十四章	窒息表现	093
第十五章	沉着应对压力	098
第十六章	内在的自我批评	106
第十七章	太过紧张	110

第四部分 / 113

现在就开始制定计划

  第十八章 你的梦想 ———————— 115

  第十九章 论目标 —————————— 119

第五部分 / 125

相信生活指引的道路，并坚持走下去

  第二十章 全力以赴 ———————— 127

  第二十一章 勇于承认未知 —————— 131

  第二十二章 改变你的心理状态 ———— 135

  第二十三章 把握当下 ——————— 142

  第二十四章 做好胜利的准备 ————— 148

  第二十五章 继续前行 ——————— 152

出版后记 ———————————————— 161

第一部分

心理控制始于一个"决定"

第一章 "三分钟"一课

作为一名大学心理优势训练师，我能轻易地看出哪些运动员想要接受心理训练，而哪些运动员根本毫不在乎。而我接下来要谈到的这个孩子就属于后者。在别人认真听讲和思考时，他却一边打着哈欠，一边欣赏自己的肱二头肌。在其他学生提问题或者激烈讨论时，他关心的只是摔跤这一运动对于身体方面的要求。不过，虽然只是个大一新生，他却要进入大联盟了——他将首次参与全国大学生体育协会（NCAA）水平的比赛，然而在平时的训练中，他似乎对此毫不担心。

然而，到了关键时刻，他却开始感觉压力有些太大了。就在首场比赛开始前几分钟，他匆匆跑来找我，看上去心烦意乱，极度绝望，并且恳求我在现场给予他心理训练方面的帮助。当时，他刚刚得知自己面临的第一个对手竟然是该项锦标赛的头号种子选手——一位经验丰富，习惯了轻轻松松就毁灭对手的老摔跤手。真不巧，看来这位不相信我的学生很快就将收获一个宝贵的教训。

我看着他，禁不住想：这是一个多么有趣的机会啊！这个孩子真的很害怕，他已经完全陷入了一种无力的状态。很显然，他还完全没做好与不逊于他潜能水准的对手进行同场竞技的准备。此刻，一个真实的、脑子里一团糨糊的人正站在我面前，问我我是否可以帮他，而实际上，在内心深处，他正在遭受着注定会遭遇的耻辱性失败所带来的折磨。当时这个孩子浑身颤抖得非常厉害，但我们只有几分钟的时间来改变他现在的状态。下一个就轮到他出场了，现在这场比赛很快就要结束了。

在如此短的时间内，我们可以做些什么呢？我思索着。

就在那时，我想起了利奥-泰老师曾经告诉我的一些事情。"丹尼尔-圣,永远不要去想我们不希望发生的情况……"

我有了一个主意。"你做好相信我的准备了吗?"我问道。

"教练,你说什么我都信。"

"好的。那走到这儿来,我们马上开始。"

几分钟后,当他的名字被叫到时,我陪他走到摔跤垫边上。此刻,他把全部的注意力都放在了比赛上,丝毫没有分心。而我所做的只是教给他一些心理技巧,剩下的事都取决于他的想法。

老实说,他踏上摔跤垫的那一刻就立马展现出了自己的统治力、自信心和娴熟的技巧。在那短短几分钟时间内,他就从一位心怀恐惧,即将面临惨败的大学一年级摔跤手,变成了一位挣脱枷锁的角斗士以及一位统治赛场的冠军。最终,他的表现让这场比赛成了锦标赛史上最令人兴奋、场面最火爆的高比分比赛之一。这场比赛打满了全局,最终这位最初不相信我的孩子仅以一分之差惜败。在场的观众简直不敢相信自己的眼睛:在与这位初出茅庐的选手的首战中，他们心目中的冠军仅仅是勉强逃过一劫。

但是，他能做到这样其实并不难：没有任何魔力、催眠术或者欺骗行为。我只不过是用三条简单的指令引导他走过了整个心理训练过程。在告诉他下一条指令之前，我会给他一分钟的时间来处理第一条指令。就这样，在那么短的时间内，他做到了完全改变自己的心态。

说到这里，我保证会在晚些时候教你如何做到这些（而且还会教给你更多东西），但是首先，我们需要考虑一下，这一真实事件向我们说明了什么。

我需要你回想一下自己表现最好的时刻，然后再回想一下自己表现最差的一次。现在回顾一下这两种表现，我希望你可以诚实一点，问问自己是什么使你在两种情形下表现得如此不同？有没有可能是你的心态？

面对这一问题，大多数运动员都会承认，在很大程度上恰恰就是他们的心态直接导致了最终表现的差异。在这个例子中，这位运动员最开始认为这肯定会成为自己表现最差的比赛之一，但最后它却变成了自己表现最好的比赛之一，这其中的不同归根到底还是心理因素造成的。

认识到这一点很重要：不论你处于什么样的比赛中，或者面临怎样的挑战，最终你的表现是超常还是平凡，从很大程度上讲，都取决于你的心理状态。待你的能力达到一定水平之后，心理技能便开始直接影响你的表现。你的心理控制能力越强，你的表现就会越好——最终你取得的成果也势必会更好。

有些专业运动员也许会告诉你，他们在心理训练上花了大把时间。他们会告诉你读书、练习心理控制技巧以及在放松和冥想方面有所成就是多么重要，这是因为经验告诉他们，这些可以对他们的表现起到积极作用。冠军们知道，心理博弈能够教会任何人保持专注，将注意力放在目标上，保持对成功的进取心以及更好地处理暂时的挫折和真正的逆境。

内心强大的勇士明白，他们花在心理训练上的时间会得到回报，他们的表现会因此变得更好——有时几乎是立刻就会应验。勇士和冠军学会了运用这些心理技巧，并且跳出了一贯的思维方式，从而让自己的表现达到另外一个可能达到的高度。而且，这些都不是偶然发生的，而是一遍又一遍地进行专注选择的结果。

　　想要做到这些并没有那么难。看看这位最初并不相信我的学生，他刚刚开始运用心理训练技巧，才几分钟就取得了这样的成功。

记住：强大的心理控制技巧不仅非常人性化，而且还可以
　　　　很快带来效果。

第二章　关于态度

一次上课时，我注意到利奥-泰正在盯着我，仿佛在试图判断我是否真的在认真听讲。

"丹尼尔-圣，糟糕的态度会令你失去一切；它不仅会影响你的感觉，还会影响你的表现。你必须记住这点，因为将来你教导别人时肯定用得上。"他告诉我。

有时候，他就是这样开始上课的——随意抛出一些话题，看看是否能抓住我的注意力。

我记得有次还为这事嘲讽他来着："你每次做这种事时，我都能看出来。"

"什么？"他一脸无辜地问道。

"明明知道还要问，你不就是想看看我是否真的在认真听讲吗？"

"真的吗？你真的知道当你自认为知道我在做什么时我是知道的吗？"

事实是：我当时真的在认真听讲，只不过他的教学方法看上去是那么的不由自主，以至于不论上课前我的心情如何，我都必须在他开始讲课时立马将它抛在脑后，否则的话，也许会偶然间冒犯到这位充满创造力的年长的教书先生……因此，我回答说："您说我将来教书时肯定能用到这些是什么意思？"

"哦，我确信终有一天你会用到这些，"他说道，"现在，你要始终记住：一位勇士和冠军必须学会控制自己的心态。良好的态度会帮助他通过不断期待成功来实现这点。正确的态度会促使他采取必要的行动，把注意力集中在那些必须完成的事情上——良好的态度会让一切变得大为不相同。"

"为什么？"我问道，"是什么让它拥有如此强大的力量呢?"

"理由很简单,"他回答说,"因为良好的、积极的态度会让人感到乐观,给人带来正能量。而与负能量相比,正能量能够更好地让好的事情运转起来。态度消极的勇士最终会成为自身消极预期的牺牲品。他们的消极性会让自身的所有努力付诸东流,最终走向失败。丹尼尔-圣,良好的态度与成功有着很大关系,不仅是在竞技体育中,在日常生活中也是如此。你必须始终铭记这点。"

多年之后,我又回想起了那堂课。

那时我正在帮助一位优秀的运动员,试图使他正视一次非常惨痛的失败。依然饱受痛苦折磨的他问我:"努力保持积极的态度有什么用呢?这看上去似乎并不能给我提供任何帮助——不是吗?"

有几次面对这样的状况时,我非常希望利奥-泰可以参与进来。当一位运动员如此受挫时,我们必须小心处理。我试着把利奥-泰教过我的东西解释给他听(不知怎么回事,我突然理解了利奥-泰所说的将来的某一天我教导别人时肯定会用到这些)。

"听着,"我告诉他,"我知道你很沮丧,也知道这种打击有多大,因为我也曾面临过这种处境。但是,现在我要告诉你,就像一位智慧过人的年长的老师曾经告诉我那样,努力保持积极的态度将会帮你走出逆境。积极的态度会帮你创造一个强势回归,或是一个卓越表现的机会——积极的态度永远不会给你带来不利影响,但消极的态度却总能那样。一个态度消极的人也许能通过某种方式取得成功,但事实上,积极的态度总能让他表现得更好。"

就像利奥-泰在过去教育我时常常做的那样,我发现自己也在观察我的运动员是否真的在听我讲课。如果感觉某个人的心思根本不在这里,我是不愿意把利奥-泰教给我的东西倾囊相授的。在这个例子中,他看上去在认真听,因此我也愿意继续讲给他听。

"一位冠军会学会在脑海里转换看待问题的方式。"我解释说,"他学会了如何将一次消极的挫折看作是暂时性的,甚至是一种能带来积极转变的机会。他知道,长远来讲,从失败中学到的东西将使自己变得更好、更强大。心态较好的勇士会从自身的挫折中学到很多，他绝不允许自己在实现真正自我潜能这事上因挫折而分心。

"因此，你要始终保持积极的自我对话，要保持乐观。这样才能给自己好好表现的最佳机会。要勇敢而坚决地面对自己的内心，决不让消极态度阻碍自己达成应有的个人成就。

"失败后绝不要自责不已——因为你总能从失败中获取某些积极的东西，并学到点什么，即便在消极的境遇中也是如此。

"我还记得自己训练过的一个曾经夺得过冠军的孩子，以及他在一次非常惨痛、令人失望的失败后是如何总结的。'我表现得不错，'他告诉我，'我的实力要比他强。这场比赛我不知道发生了什么——但是下次他就不会这么走运了。'"

"看到了吧？你必须选择保持积极的心态，"我告诉他，"甚至就连孩子都可以做到这点。"

"我知道，"他慢条斯理地说道，"但是现在，我就是感觉很糟糕、很失落。"

此时此刻，我能理解他内心的悲伤与失望，就像利奥-泰教育我的那样，我想让他明白他有能力在脑海中迈过这道坎。

"好的，试试这样，"我用手指着墙上的钟说道，"如果真的需要，就再给自己5分钟时间来为这次失利感到沮丧。5分钟后，你就要下定决心把这次失败经历当作一个机会，而你能通过这个机会弄清如何在现在这种竞技水平下做出积极的改变。在脑海中换个角度来看待这次失败。"我敦促道。

他抬头看着我，并点点头。心理控制始于一个"决定"。显然我们已经达成了这样的约定。

大约5分钟后，我看着他准时走出了更衣室，就像我期望的那样。通过他走出更衣室的方式你可以判断出：他已经做出了决定。暂时性的挫折如今已经变成了一个走向积极改变的机会。在脑海中，他已经换了一种看待问题的方式，并把注意力集中在眼前这个积极改变的机会上。他已经"决定"要保持一种积极的态度了。

事情并不总是那么简单。有时候，我们需要做出一个决定，一份承诺才能让自己做到从不同的角度看问题。

冠军们可以做到这点——你也可以。

记住：勇士和冠军明白，糟糕的态度可能会让自己输掉一切，它不仅会影响你的感觉，而且也会影响你的最终表现。

第二部分

**人必须不断练习技巧，
才能成为想成为的人**

第三章　赢得心理优势

运动心理学研究的是成功人士的行为。通过对许多伟大的运动员进行研究，得出的最深远的结论便是，如果你选取一些能力相当的运动员，对其中的一些人进行心理训练，而非其他人，最后总会发现那些接受心理训练的运动员的表现要更好一些。为什么？原因很简单：因为那些懂得运用心理训练技巧的运动员在心理上占有优势。

记得小时候，爷爷有一次带我到坦帕体育场（Tampa Stadium）去看巴西传奇球星贝利（Pelé）踢球。

我永远也不会忘记那个温暖的夏夜，贝利用三个激动人心的进球统治了整个比赛。虽然已经过去了很长时间，但我会永远记住他闪转腾挪带球穿过全场，用假动作骗过防守队员，突然用一记弧线球越过防守，射门进球的场景。在整个过程中，皮球仿佛黏在他脚上一样——直到他让其飞进球门。

多年之后，我在已故的著名运动心理训练师加里·麦克(Gary Mack)的著作中偶然读到一则有关贝利的故事：贝利把自己认为的两个取胜之匙——热情和心理优势分享给了加里。

贝利告诉加里，自己在每场比赛前都会"观看"一些"固定节目"。他会提前一小时来到更衣室，找个僻静的角落，然后躺在地上，头枕着毛巾，盖好眼睛。

贝利解释了自己是如何开始在内心深处观看一部讲述自己儿时在巴西海滩上踢足球的"电影"的。他让这场"电影"唤起自己关于沙子、照在背上的温暖阳光以及轻抚着太阳穴的微微海风的美好记忆。然后，他又会清晰地记起足球比赛在当时带给他的兴奋和快乐；他让自己沉浸在对于足球比赛的热爱之中，重温那些儿时的美好记忆，让自己在比赛前感受这一切。

简而言之,在每场比赛开始之前,贝利都要确保自己始终保持着对于足球这项运动的纯粹的爱。

然后,他会在心中的电影里继续前行。他向加里描述了自己是如何开始并观察自己的回忆的,他回忆起世界大赛中的最伟大的时刻。他谈到他使自己一遍又一遍地感受和享受对于胜利感觉的强烈渴望,以及将自身过去的感觉和影像建立密切的关系对想象自己将要在比赛中发挥出巅峰水准有多必要。

最后,贝利告诉加里,他能看到自己在即将到来的比赛中表现出的样子:他发挥出色,取得了进球,轻轻松松就可以带球越过防守者,这些由强烈的欣喜和胜利感组成的积极图片最终构成了他的内心电影。他在比赛尚未发生时想象着一切:观众、氛围、球场、主队、客队,他看到自己像冠军一样势不可挡。最重要的是,他告诉加里,起作用的不仅仅是视觉和影像。要让自己感觉到与成功有关的情感。他指出自己强烈地感受到这种感觉有多棒。

大约经过半个小时的放松和内心预演之后,贝利才开始比赛前的肌肉拉伸工作。直到那时，他才可以真正放松下来，因为他已经做好了赢得胜利的心理准备。因此，在他慢跑进体育场的那一刻，（毫无意外地）他是不可阻挡的。无论是身体上，还是心理上，他都已经进行了全副武装，并使它们得到进一步加强。根本没有人可以挡住他。

在与加里在一起的短暂时光里，贝利一五一十地向我们分享了他的两个取胜之匙：热情和心理优势。

后来，我把贝利的这条经验之谈分享给了自己所有的来访者，并且建议他们也在内心深处开辟出一片土壤，在比赛前给思想找个容身之所，从而可以像贝利过去经常做的那样在脑海里不断预演、想象、感觉胜利，在心理上为胜利做好准备。就是在这片土壤中，你可以不断播放和观看自己内心世界的高光录像；也就是这片土壤，让你可以再一次回想起自己对运动事业的热爱，感受到运动带给自己的快乐和那份胜利的感觉。最后，最重要的一点是，这片土壤为你提供了一个让自己在心理上为即将到来的战斗做好准备，赢得心理优势的场所。

对于那些职业生涯刚刚起步，也许并没有过往的成功经历供自己不断回放的运动员们，我的建议是可以假装自己成功过，在头脑中观看自己假想的成功影像。毕竟这是属于你自己的电影！你既是导演兼制片人，又是整部影片的剪辑和编剧，这也就意味着你为整部电影加入的想象越多，最终的效果才会越好。此外，在想象之余，你还要加入些许热情，这样你就掌握了贝利的两个取胜之匙。另外，在脑海中练习如何克服逆境，以及在任何情况下都控制好自己的情绪也非常重要。这样做并不是要让你变得自负——虽然它们听上去有点类似。相反，这一过程会培养你的自信，而自信与傲慢有着很大不同，它是影响你最终表现的重要因素之一。

像贝利一样，用同样的"固定节目"让事情朝自己期望的方向发展。在比赛前的"固定节目"中，不断练习放松、想象、感觉和热情，从而让自己在心理上占有优势，培养自身在比赛前的自信心。在这堂课中，作为世界上最成功的运动员之一，贝利向你讲述了他进行赛前准备的整个过程。

真可谓金玉良言。

记住:人必须不断练习心理技巧和赛前"固定节目",才能充分发挥自身的潜能。

第四章　学习驾驶海军战机

到达位于佛罗里达州彭萨科拉市的航空候补军官学校（Officer Candidate School）不久，年纪轻轻、刚刚毕业的我们就见到了自己的教官。

在最初五个月的航空军事教育中，我们被分配到的海军教官都是海军陆战队所能提供的最好的教官。身为海军航空院校的教官，他们的工作是寻找并淘汰那些内心非常脆弱的候选人，这些候选人可能是来到这儿之后才发现自己被错误地分配到航空项目中。教官们不仅拥有一套系统、有效、专业的教学方法，而且最终还会单独训练每一位候选人。你如果没有一套自己的心理"游戏",是不可能通过训练的。而那些通过训练的人,最终会作为新上任的海军军官进入飞行学校。

过了没多久,班上的一位同学就找到我,让我谈谈对某位飞行教官的意见。说实话,当时有些教官真的非常严厉,坐在驾驶舱后面座位上的他们所营造出的氛围可以让任何训练任务变得极具心理方面的挑战性。无论表现怎样,这位教官都告诉我的朋友约翰,他必须重新飞一次。这样的情况可不妙。事实上,如果这样的情况出现两次,约翰就将面临着被剔除出飞行学校的危险。此外,除了这种担心,一想到必须同这位教官再飞一次,约翰总有种不祥的感觉。

"告诉我上次出了哪些问题,"我建议他说,"当情况向糟糕的方向发展时,你脑子里都在想些什么?"

他努力地回忆着。

"因为当时天气很糟糕,我的飞行航线总是绕来绕去,打乱了现场的整个训练任务。在我努力试图恢复对局面的控制时,我脑子里一直在想:为什么偏偏是我,为什么偏偏是我遇上了这糟糕的天气？这位教官是怎么了？为什么他总是找我的茬儿？不会再出什么别的问题吧？我做了什么上天非要这样惩罚我？"

约翰耸着肩看着我。"你其实很明白，有些愚蠢的教官总是喜欢扯着嗓门大喊，搞各种破坏，故意打开开关，启动紧急程序，无外乎这些！"约翰思考了片刻，"给我印象尤其深的是，我感觉自己总是很匆忙的样子。"

"既然觉得很匆忙，那你当时的表现可能真的很匆忙，"我告诉他，"当这种情况发生时，我们的表现或者任何我们正在努力做的事情就会受到影响。匆忙会让人不自觉地变得更紧张，从而引起更多错误。而更多的错误又会让人更加紧张。这就像是一个恶性循环：我们犯的错误越多，就越会感到沮丧，也越难集中注意力……这里的原则是：面临压力时不要匆忙——流畅就是速度。深呼吸、停顿一下、学会控制自己——但是，绝不要允许自己匆匆忙忙地迎接战斗。"

"我还记得自己开始在事后劝告自己，"约翰说，"但是那也帮不了我。"

"没错。如果你开始过度分析形势,则可能会引发很多负面的自我对话。我记得,每次我的武术老师利奥-泰注意到我有这样的举动时,都会不住地摇头,然后告诉我,我需要开始停止消极的自我对话,需要停止自己跟自己作对。"

"怎么样才能做到这点呢?"约翰问道。

"他教导我,一注意到有负面的自我对话的苗头,就立即打断它,然后用积极的自我对话来取代。比如像我跑得很快,我很专注,我很不错这样的话。他总是对我说,不要让负面的思想挡住自己前进的去路。你必须摒弃消极的思想,转而不断培养自己的自信。这将会改善你的注意力,提升你的自信心,降低你的紧张程度,进而帮助你表现得更好。而要想摒弃消极的自我对话你首先需要打断它,然后再立即用积极的对话取代之。"

约翰仔细听我说着。

"这听上去有些道理,"他承认道,"但问题是,我依然觉得这个家伙就是在针对我。"

"好,既然你依然这么认为,那他就是你的一个强劲对手。而面对一个强劲的对手时，你必须在脑子里弄清楚怎么做才能打败他。一旦搞清了取得胜利必须采取的行动，你就必须始终专注于手头最重要的任务，这样不论他再给你制造任何麻烦，都无法再扰乱你的目标意识。"

"你不能让他使你感到慌乱，妨碍你追寻自己的目标。如果他成功地扰乱了你的目标意识，那他就赢了，而你就输了，尤其是在飞行训练中。你必须保持对目标的专注，不能让对手乱了你的阵脚。"

"这恰恰就是上次我们进行飞行训练时发生的情况。"约翰承认说，"也恰恰是真正让我担心的事。你应该知道在高空中发生这样的情况有多疯狂。当时，飞机的飞行速度真的很快，每当他开始喋喋不休地训斥我时，飞机就急转直下。坦白说，再让我跟这位教官飞一次，我甚至感到有点害怕。我想那种感觉就好像你必须跟某位曾经将你打倒的人一起驾驶飞机一样。"

"任何人都'幸运地'挨过拳头，"我对他说，"重新振作起来。过去不等于未来！把与这个人有关的糟糕经历留给过去，留给属于它的地方。不要让自己给自己灌输的消极感觉毁掉自己下次的表现。心理训练的艺术教育人们，我们的表现与内心的想法、影像密切相关。换句话说：你最终得到的都是你心中所想的。如果你把自己想要看到的结果展示给大脑，它就会帮你实现这些目标，因此，一定要确保自己的思想不会停留在那些自己绝不想看到的影像或感觉上。"

"这是什么意思？"约翰问道。

"意思是，无论在何种竞争中，最重要的一点都是学会在赛前让自己在心理上做好尽全力的准备……除了立刻扼杀掉消极自我对话的苗头之外，我还想让你练习如何将成功的感觉、影像与眼前的赛事联系在一起。你必须告诉自己，下次与这位教官一起进行飞行训练时，你希望发生什么。你必须在事件发生前尽早开始这种心理训练。"

在接下来的几周时间里，白天放松时，约翰拿出了一些时间用来练习"幻想工程"（你会在后面的章节中学到这一课）。练习期间，他只允许那些与胜利和成功有关的画面、情感和即将到来的赛事中的对手建立脑内联系。

通过运用心理技巧，他想象着自己在面临极大压力的情形下,像位顶尖的军事航空专业人才一样尽自己最大的努力完成每个细节。他开始练习观察和感觉自己拥有超强的任务意识和任务聚焦的能力——无论在何种情况下都是如此。他甚至可以看到并感觉到自己可以在消极自我对话出现的瞬间就将其扼杀,然后用积极的自我对话取而代之。

最终,他的努力得到了回报。约翰后来告诉我,他是如何在接下来几周的两次见面中击败自己的对手的。如今,老练的他已经成了一家大型航空公司的机长了。

这则真实的故事教育我们,通过运用运动心理训练技巧,你也可以克服很多运动领域以外的障碍。这些障碍也许会阻碍你实现那些对你来说非常重要的目标。换句话说,心理技巧一旦得到正确运用,便可以帮你实现梦想。

记住:保持任务聚焦。一出现消极的自我对话和影像,就要立刻将其扼杀,然后用积极的自我对话和影像取而代之。把注意力放在向自己的大脑准确地传输自己想要实现的目标上,永远不要考虑那些你不希望发生的事情。

第五章　自我信念的重要性

记得有一次我和利奥-泰在华盛顿州沿着太平洋山脊步道（Pacific Crest Trail）徒步旅行。利奥-泰非常喜欢那些山峰的美景。在那里，我们遇到一位怪人，可能是位年轻的隐士。他一直在我们身边唠唠叨叨，怒视并警告我们：天黑后，当地的荒野里到处都是外星人和不明飞行物（UFO）。

晚上露营时，有说有笑地谈完那个神经质似的怪人讲的外星人故事后，利奥-泰和我感觉周围好像有人。我们两个几乎同时站了起来，望向黑暗处。只见在黑暗的边缘处，很多双微黄色的眼睛在目不转睛地看着我们。虽然弄不清那些眼睛属于哪种生物，但是透过快要熄灭的篝火的反射，我们注意到自己已经在黑暗中被包围了。不瞒你们说：当时我觉得有点紧张，因为总共有七双不同的眼睛在盯着我们。

虽然利奥－泰依旧显得非常淡定，但我却立刻开始用力朝它们投掷石块。我想如果他们真是外星人，我至少要用掷出去的坚硬的石块打碎其中一个人的头骨。

与此同时，利奥－泰也扇扇子让火堆重新燃烧起来。

"你最好过来帮帮我，"我敦促他，"他们没有撤退的意思！"

利奥－泰扭过头来，也开始投掷石块，而且精准度极高。我心想，这老家伙还不赖嘛。不过，由于我们在数量上明显处于劣势，我还是感到很害怕，围住我们的这些不明生物塑造出来的寂静让人感到紧张不安。然后，突然间，我们瞥见了这些生物的样子。

原来是一群体型巨大、毫无畏惧的浣熊想要劫掠我们！野蛮、卑鄙的它们正朝我们走来——它们很明显想要一些食物。我们艰苦地斗争着,它们一次又一次地向我们发起攻击,企图把我们吓跑。看上去,它们似乎一点也不怕我们。这让我不禁开始想,它们是不是得了狂犬病。

几分钟的攻击与反击之后,利奥-泰不知怎么就找出了这群浣熊的头领。然后,他便丝毫不在乎身旁的几只离自己更近的浣熊,以风一般的速度用石块砸中浣熊头领的眉心。那一击可能是任何人所能要求的最准确的一击。

砰!"谁还想尝尝滋味!?"利奥-泰大喊道。只见浣熊头领迅速退了回去,非常震惊,然后很快就带着浣熊群逃走了。

"干得漂亮,"我喘着粗气说道,"但这到底是怎么回事?从什么时候开始连浣熊都会做这样的事了?"

利奥-泰一边笑,一边摇头:"它们确实是一个无所畏惧的群体。"

然后,他问了我一个问题:"丹尼尔-圣,你刚才有没有想过我们赢不了?"

我回想了一下。

"并没有,"我回答说,"我只知道当时的形势非常严峻,是时候反击了，我需要做的只是反击。"

我的老师脸上露出了微笑。

"丹尼尔－圣，非常好。这就是自我信念。不管做什么事，一开始你必须相信自己拥有获得胜利所需的一切东西。在压力下，你越相信自己，你的最终表现就会越好。没有强大的自我信念，勇士会寸步难行。你必须相信自己可以获得胜利，然后强大的自我信念才会让你处于取胜的有利位置。"

"你是在说自信心？"我问道。

"不完全是。自信不过是强大的自我信念的副产品。对勇士来说，自我信念越强大，他们就会有越强的自信心让自己在面临压力时振作起来。自我信念越强，人的最终表现也会越好。"

"那么说自我信念会带来使我们更加强大的自信心了？"

"确实如此。丹尼尔－圣，当你真的相信自己可以取胜时，便可以激发出一些极为强大的能量。"

"因此，对于勇士和冠军来说，为了培养最强大的自我信念体系,他们必须学会利用想象,在意识极度放松的状态下,在自己的脑海里体会获得自己最渴求的成功时的场景。对于进一步完善根植于内心深处的自我信念,这一点尤为重要。"

这里利奥-泰的意思是,尽管我们的自我信念体系是在年复一年的经历、记忆和外部影响的基础上形成的,但大家依然可以通过运用放松和想象之类的工具不断完善和增强自我信念体系。在开始比赛之前很久,冠军们便开始在自己的内心深处一次又一次地看到、感受到自己取得了成功。他就是这样在内心深处不断完善自己的自我信念的。

"丹尼尔-圣,告诉他们,勇士和冠军都会遵从自己的内心。"

说完这些,利奥-泰便掀开门帘,钻进了帐篷里。

嗯,想想还是有道理的。但是,他走得也有点太突然了吧。他在想些什么?他一定非常确信我没有问题要问他了,非常确信那群浣熊不会再回来了。

"嘿,今晚难道就这样了?"我问道。

"明天见,"帐篷里传来了利奥-泰的说话声,"我年纪比你大多了,我的朋友,我累了。"

听到这些,我禁不住又问了他一个问题。

"好吧,"我说,"但如果那些浣熊又杀回来了怎么办呢?"

然后我就听到利奥-泰毫不犹豫地回答:"丹尼尔-圣,为什么要问这种问题呢?答案不是已经很明显了吗,如果他们再回来袭击我们……那他们肯定会再次失败而归。"

记住:自我信念会让一切朝着自己希望的方向发展。

第六章　幻想工程与自信

幻想工程（Imagineering）——一种向我们的思想展示我们希望事情朝着何种方向发展的技巧，一个最初因传奇梦想家沃尔特·迪士尼（Walt Disney）而变得家喻户晓的术语。我们大家都应该采纳他的建议，练习在感官上进行丰富的幻想。不仅冠军会在比赛前进行幻想，人们为了成功地完成某个项目或者某一重要目标时，也会用到幻想这一技巧。无数的例子已经证明，这一简单的行为非常有必要，也非常有效，以至于那些没有练习过这一技巧的运动员显然绝不能发挥出自己的最大潜能。

（有趣的是，这一点在演员和音乐家身上也得到了应验。）无论是何种表现形式，心理上的准备与身体上的准备一样重要。因此，如果你在准备过程中没有运用任何"幻想工程"技巧，那么这样做最终不仅会伤害自己，也会给对手提供便利。

想象一下你在比赛前就已经在脑海中看到，并且感受到整个比赛过程的场景，从观众到教练，从比赛场地到自己的表现，那是一种多么令人兴奋的体验啊！整个过程带给你的自信感简直令人难以置信。

掌握幻想这一技巧的关键之处在于，你不仅要用眼睛看，而且还要一遍又一遍地切身感受自己成功时的感觉。要确保带着感情进行幻想练习。在练习中体会这种感觉时，你要在脑海中不断播放那些克服逆境以及成功杀出重围的画面。

在练习幻想时，绝不能让失败的画面或者感觉出现在脑海里。因为我们的潜意识会将它接触到的任何影像判断为真实——而被潜意识认定为真实的东西又会影响你的表现。因此，我们需要向潜意识灌输一些强有力的成功的画面和感觉,这样才能促使其挖掘出隐藏在你内心深处的与这些画面和感觉相符的表现、驱动力和动机。

反过来,如果你向潜意识传递的都是些关于担忧或者失败的暗示,那你就将打败自己——甚至不需要任何竞争者出手。

你必须一遍又一遍地反复排练成功、胜利以及有效克服逆境的能力。你要保持放松、冷静,并且在内心深处,你必须感知并接纳成功即将到来这一事实。对成功而言,这一逐步调节的过程会让一切逐步运转起来。它会培养自信心,而自信心正是良好的心理训练所带来的副产品。最强大的自信心源于身体和精神上的准备过程,而成功和成就则与个人的准备有着密不可分的关系。

如果你认为自己现在很自信,却没有在运用任何心理训练技巧,那你是不会明白自己在哪方面还有不足,或是心理训练可以给自己的竞技水平带来多大的提高的——因为只有通过不断地练习心理训练技巧,你才能明白这些。

记住： 幻想工程之所以至关重要是因为它可以帮你建立起更加强大的自我信念体系和自信心，而这两者又可以带来更好的表现和更高的成就。

第七章 三个决定性的技巧

我在课程中经常会提到呼吸、放松和幻想。因为在我看来,这三者是勇士和冠军在取胜之路上的重要工具。而我则将它们命名为"三个决定性的技巧"。我记得之前利奥-泰也经常讲到这三点。对于塑造巅峰表现所需要的理想心理状态而言,掌握这三个技巧至关重要。

有时,一些来访者在练习"正确"的呼吸方式或者深度放松的方式时会分析过度。而对我来说,告诉他们实际地做到这些要远比他们想象中的容易得多,总是件快乐的事。

首先，让我们学习一下呼吸。

我记得有一次利奥－泰站在高山上，他距离悬崖边如此之近，以至于我都开始担心他是否会跌下山。当时，他正在练习所谓的专注呼吸：只见他的双手时而跟着自己的呼吸节奏慢慢地、有条不紊地做着圆周运动，时而又乱舞一气。

他也教过我如何像他一样深深地、慢慢地让空气通过鼻腔流入自己的肺部深处，同时舒展自己的胸腔。然后，短暂地屏气之后，再通过收缩肺部的隔膜，慢慢地将空气从肺部吐出。他解释说，整个过程中重要的一点是要在舌尖轻抵门牙牙龈，舌头触碰到上颚时，让空气从处于放松状态、微微张开的嘴中流出。

后来，我问他，在练习呼吸时他的脑子里都在想些什么。

"什么都没想，"他回答说，"我只是在观察自己的呼吸，除此之外，别的什么都没想。即使突然冒出一个想法，它也会因为我的丝毫不在意而很快消失。我越专注于练习呼吸，就越能观察自己的呼吸，脑海也会更加平静。另外，无论何时，只要觉得自己需要，我就可以随时练习呼吸，不需要借助任何形式。"

"不需要借助任何形式是什么意思？"我问道。

"意思是无论什么时候，只要我想，我就可以练习专注呼吸，即使现在坐在这和你聊天时也是如此，"他告诉我，"我练习专注呼吸是为了帮自己保持自我——为了让自己回到当下。我不需要借助任何形式便可以做到这点。你并没有看到我像个太极大师那样走来走去，不是吗？虽然如此，但我依然在练习专注呼吸。"

也许我永远也无法明白其中的原因，但是那天他话语中流露出的那份确定和真诚让我至今铭记心间。而且，我也很感激利奥－泰，经历过许多事情后，我也明白了，正是靠着他曾经教给我的专注呼吸，我才能做到始终控制自己的心态，或者无论面临何种严峻的挑战时都可以保持专注。

所以，从现在开始，不论我在书中的其他课程中何时提到专注呼吸，你都可以准确地明白我在讲些什么，如何做到专注呼吸，以及为什么专注呼吸会是做到控制好心理状况的一部分内容。如果一个人希望自己有朝一日可以利用这一强大的力量，那么练习专注呼吸对他来说就是重要的一点。

除了专注呼吸，我在《心理训练的艺术》一书中还提到了第二条重要的概念。多年以来，利奥-泰曾一次又一次不厌其烦地向我解释过这一概念。在这里，请允许我像他那样解释给你们听：放松这一概念既包括身体上的放松，也包括心理上的放松。

你也许会问，我所说的放松是指什么？为什么放松练习对运动员和内心强大的勇士来说会如此重要？答案是，它之所以如此重要是因为，在同心理上的幻想一起被运用时，它可以使内心（潜意识）清晰地看到自身成功时的画面，感受成功的感觉。

只有在处于深度放松的状态时，我们的意识才会停止充当潜意识过滤器的角色。只有当起着至关重要的作用的意识在放松状态（持续几分钟）下时，我们的幻想才可以直达潜意识层面。此外，潜意识就像一种目标奋斗机制。只要你通过幻想告诉它你的目标是什么，并且像已经实现目标了一样，去感受目标实现时的感觉……潜意识就会帮你实现梦想。它会将输入进来的东西当作真实的东西,并接受它。看上去它仿佛是在对自己说,既然这是真的,那么我就必须采取一些措施使它成真。

对内心强大的勇士来说,这一点至关重要,因为通过将呼吸、放松以及第三条重要的因素——幻想整合到一起,他便可以充分调动内心的资源来帮助自己实现目标。

源自内心深处的干劲会变得更强,意志力也会更加专注。在内心深处,你很快便会发现:那些有助于实现目标的事情对你来说变得更加容易做了。当内心可以感知到自己想要什么时,它便可以帮你得到想要得到的东西。放松技巧可以帮你打通内心与幻想之间的通信线路。合理的呼吸可以使你在需要时随时进入深度放松状态。

那么,放松练习都需要做些什么呢?我们又是如何练习运用放松搭建起这些联系的呢?

你如果想要轻松而快速地掌握让自己进入深度放松状态的技巧,就只有不断地进行练习。通常来讲,在经过几周的练习之后,一个人便可以在做出决定后的几分钟之内让自己进入深度放松状态——而且对于有些人来说,这一过程甚至可能来得更快。

我告诉来访者，让他们考虑通过下面这种方式练习和培养这项技巧。我提醒他们，如果他们只是想让这个过程自然而然地发生，那么它便会自然而然地发生。虽然我们不能试着强迫自己进入放松状态，但是通过不断练习，任何人都可以非常容易地让自己放松下来。

找一个不会被打扰的安静空间，躺下来，双脚稍稍分开，轻轻地伸展手臂，手掌正面朝下，在开始之前，确保自己处于最舒服的状态。（换句话说：不要穿过紧或是会限制运动的衣服，不要让自己感到太热，或是太冷。要让自己感觉舒服。）

现在，双眼盯住天花板上的某个点。尽可能不要动，用鼻子深吸三口气。每次吸完气短暂地屏气之后，慢慢地将气从嘴中呼出。每次呼气时，都要让自己感受到一股放松的波浪淹没了你，并开始享受整个过程。

第三次呼气时，开始轻轻地合上眼皮。现在，在接下来的十次呼吸过程中，开始想象自己的眼皮变得越来越重。我希望你在每次呼气时，都在心里不断重复"更深"一词，每一次呼气时，将所有的紧张感和思绪全部抛诸脑后。伴随着每次呼气，放松程度也越来越深。

在这个过程中，如果你的思想飘到了别处，没有关系；伴随着每次呼气以及在心里慢慢重复"更深"一词，轻轻地把注意力拉回到学习如何放松，如何清空大脑的过程中就好。练习完十次轻松的呼吸之后，你就可以开始将注意力放在如何放松身体的每一块肌肉上了。

从脚尖开始，然后随着自己开始进入完全放松状态，慢慢地向上扩大放松的部位。把注意力放在放松全身的每一块肌肉上。从脚尖到小腿肚、大腿、腹部、胸部、后背、胳膊、肩膀，最后甚至到脖子：让每一块肌肉都松弛下来，做到完全放松。然后继续往上，直到头皮和面部肌肉。在大脑里，想象每块肌肉正在松弛的画面，感受身体的每块肌肉都进入了深度放松状态。伴随着每次呼吸，让自己一步步进入更深的放松状态。

不要着急，不要强迫自己；在感受到完全放松的状态带来的平静时，慢慢地让肌肉松弛、卸力、放松就好。（有时候来访者会告诉我，自己的腿或者手臂会不由自主地抽搐或者移动片刻，并问我是怎么回事。我告诉他们，不必担心，这只不过是深藏在内心深处的紧张被触发，然后又慢慢地被释放掉了罢了。这种释放对健康非常有益。）

现在，给你差不多20分钟或者更长一点的时间来享受这种放松状态。这一次，让自己处于深度放松状态，漂浮于这片健康的、放松的海洋中，同时，设想在电影中看着自己，在内心之眼中浮现自己实现目标时的画面。要把它当成真的，尝试感受它，通过画面和感觉告诉自己的内心自己想要实现哪些目标。在大脑中清晰地感知它们，看着自己一步步实现目标。像它已经发生了一样去体验它。

现在要记住，通过练习深度放松，你已经打开了一条直接通往潜意识的通道。在心中的"电影"里，不断向潜意识传递成功的画面和感觉，这样它便会开始帮助你实现目标。通过这样的练习，你会逐渐在内心深处生成一股强大的力量，而它会帮助你实现自己的愿望。

通过运用心中的画面和感觉，练习20分钟左右的深度放松和"成功调节"之后，便是时候将自己带回到全意识状态了——或者是时候让自己完全进入舒适的睡眠状态了。

当然，这一切都取决于你自己。

如果该睡觉了，那就让自己打个盹。然而，如果你需要让自己回到全意识状态，下面所讲的方式也许能轻松地帮到你。想象一个有5级台阶的楼梯。在脑海中，看着自己慢慢往上爬，告诉自己每走一步，便会感觉越精神、越警觉，意识越清醒。这样，当爬到最后一级台阶时，你就会感到全身放松、精神抖擞、活力重焕、意识清醒，仿佛已经准备好了开启新的一天。

到达最后一级台阶时，张开眼睛，大吸一口气，然后伸展一下全身。（当然，如果你是在白天练习放松，而你的工作日程排得很紧，那么你可以用闹钟帮助自己准时从放松练习回到工作中，以防止自己因不由自主地睡着而耽误工作，这样做也没什么坏处。）

内心强大的勇士就是这样利用呼吸、放松和幻想等技巧实现目标的。但是，他们可不是只用一次。相反，他们会周复一周、月复一月地重复练习，将这些技巧融入自己的日常训练中，这样，成功调节才有机会被潜意识实际接纳，并且深深扎根，从而帮助自己完善自我信念体系，提升自信心和表现。通过这样的练习，内心强大的勇士便可以做到运用潜意识的能力帮助自己实现目标。

要永远记住利奥－泰曾经跟我说过的话："内心强大的勇士不仅会学习如何练习专注呼吸、放松和幻想——而且会在学会之后实际运用它。"

第八章　内心强大的勇士

银光一闪间,我看见他从腰背后掏出了枪。当时,我正躲在掩体后面,也掏出了手枪。他被困在了空旷地带,完全暴露在我的射程内。他看上去大约40岁,一双黑色的眼睛深深地凹陷在眼眶里——看上去简直就是个十足的罪犯。我一直在跟踪他,并努力把他找了出来。我的团队就在离我不远处监视着,他现在已经走投无路了。7.6米外站着一位手里拿着枪,企图朝我开枪的重刑犯,这让我体内的肾上腺素开始上升。

"把枪放下。"我眼睛始终紧盯着瞄准镜,斩钉截铁地说道。

已经被手枪瞄准的他并没有太多考虑时间。想活还是想死，他必须做出选择。他知道自己完蛋了，放下了武器。给他戴上手铐，迅速把他押回警局之后，我才开始放松下来，感叹这个残忍地夺走了我一个同事生命的毒枭终于被关进了监狱。

直到今天，我依然认为是利奥－泰的训练给予了我最大的帮助，让我不会轻易扣动政府配给我的9毫米口径的手枪，以执法为名将5或6发"黑爪"(black-talon)爆破子弹直接击中目标要害。

我记得，当自己坐下来休息片刻，让紧张的精神逐步放松下来时，便开始想自己做的是一项多么疯狂的工作。每当这样想时，我的思想就会回到过去，回想起利奥－泰向我描述内心强大的勇士时的情形……

那时，我们正在往山上走，像往常一样，他在前面领头。他的步伐非常快，仿佛永远不知疲倦。有时候，我甚至都很难跟上他。当时，天气很热，随着海拔不断升高，我开始感受到微风拂面，空气湿度也开始下降。

最终到达小路尽头之后,我们停下来休息,利奥-泰一边欣赏周围的景色,一边向我讲述他计划告诉我的事情。

"丹尼尔-圣,"他说道,"想要成为一位内心强大的勇士,你必须学会识别什么样的人才称得上是内心强大的勇士;必须明白训练会让你变成什么样的人。"

他的话紧紧地抓住了我的注意力。

他的原话是这样的:"内心强大的勇士是不会被吓倒的。他们的自信心深深植根于内心深处,不可撼动。他们一到达现场就可以占据统治地位。他们喜欢竞争,竞争可以激发他们的能量。他们排斥消极的思想,懂得如何控制自己的内心世界。即使是面临最为严峻的挑战,他们也懂得如何保持专注。"

他告诉我:"内心强大的勇士会尤其注意让自己时刻做好准备。他们已经学会了如何控制压力,绝不会停滞不前。他们拒绝失败,永不放弃,会耐心地寻找解决问题的方法和取胜之道。内心强大的勇士绝不会接受不努力的自己。

"内心强大的勇士总是以目标为导向,知道自己想做什么,而且会为了实现目标而付出行动。他们的梦想和目标激励着他们去追求卓越。他们总是非常专注，懂得如何控制自己的情绪，以免它破坏自己的表现。在激烈的战斗中，内心强大的勇士会永远保持冷静，控制好自我。"

"丹尼尔-圣，最重要的是内心强大的勇士很勇敢，有一颗勇敢的心。他们有勇气，也有强大的内在力量支持自己去发挥自身的最大潜能。他们明白幻想、专注和坚定之中蕴含的力量。"

最后，他以一句提醒结束了当天的课程：一个人要想有朝一日成为一位内心强大的勇士，唯一的方式便是不断练习这本书所教给我们的东西。

记住：一个人必须不断练习才能成为想成为的人。

第三部分

当你遇到挫败的时候

第九章　控制愤怒

我们坐下来后，他告诉我："丹尼尔-圣，我们复习一下。"有时，锻炼完之后，我们会喝点茶，一起坐在他那个简单的露台上俯视整个海岸线的风景。

"此刻，你已经明白了——不论是积极、消极，还是介于二者之间，所有的情感都是由我们的想法造成的；在自我信念系统的建设过程中，勇士越强大，他的系统就建设得越好；自我信念、良好的态度、自信心和积极的自我对话能'让一切步入正轨'；情感有时候会影响自己的表现。因此，即使是真的出现了负面的情绪也不用怕，因为你已经知道自己可以通过某些方式控制它带来的影响。是这样吧？"

"收到。"

他给了我一个奇怪的眼神。

"是的。"我纠正了自己的语气。

"很好。那么，你应该也已经了解幻想、专注呼吸和放松是如何帮助我们在比赛中建立心理优势的吧？"

"你真的非常狡猾。"我嘲笑他说。

"丹尼尔-圣，严肃一点，要尤其注意我今天讲的话，因为今天我们必须探讨一下愤怒了……我们都会生气，这很正常。但是，你必须始终记住，如果一位勇士无法控制自己的愤怒，那他最终会被愤怒牵着鼻子走。当那样的情况发生时，再想取胜就变得非常困难。你瞧，愤怒是一种情绪反应。作为勇士，我们必须在这种情绪控制自我之前，改变它所带来的能量。真正的冠军会不断培养自己控制愤怒的能力，从而使它不致伤害自己的表现。"

我非常不赞同这点，并说道："那你的意思是他们最终都不会再感觉到愤怒吗？"

"完全不是。我的意思是，他们已经学会了如何疏导这样的情绪，以避免给自己的专注力和表现带来负面影响。当愤怒情绪出现或者爆发时，真正的冠军会在深思熟虑之后选择利用这种能力，决不允许自己在愤怒面前失去控制，或者成为这种情绪的受害者。"

"那他们是怎么做到的呢？"

"他们问自己：'这儿谁说了算？是现在的我？还是这个内心狂暴的我？'这一简单的举动可以让勇士精神重新获得控制权。而这种控制权仅仅始于这么一个简单的选择和决定，即勇士们决定用愤怒让自己的决心变得更加强大。他用愤怒促成更好的表现，从而以更加强大的决心去赢得比赛，将自己的竞技水平提高到另一层级。在愤怒面前，他不但没有失去控制，反而让自己成了一位面露微笑的杀手。是的，他很愤怒，但那是一种冷静的、审慎的愤怒。他将这种情绪的强度和激情为自己所用，但同时又不至于失去控制权。冠军知道，想要拥有好的表现，他必须控制愤怒。除了这点，他还能期待用什么来控制自己的表现呢？"

"我明白了,那么我们怎么做才可以控制好这种情绪的强度呢?"我问道。

"一切都始于一种不让愤怒控制住自己的选择,"利奥-泰回答说,"保持专注,用专注呼吸帮助自己控制好愤怒的强度。用保持冷静、放松这类自我对话帮助自己保持对愤怒的控制。此外,幻想和放松技巧也可以用来控制愤怒。通过不断地练习,以上这些都可以起到帮助作用。但是,还是那句话,你必须首先做出这样的选择。"

"丹尼尔-圣,如果将来有一天你觉得必须发泄一下心中的愤怒,记住最好在私下里进行,这样就不会动摇整个团队对你的信心。让他们看到你失去控制只能损害他们对你的信任,即使你觉得自己需要这样。"

记住:愤怒时,一定要下决心不让它桎梏自己。学会运用一些技巧疏导这种能量,让它进一步增强自己的决心。让自己成为一个看到目标时依然面露微笑的杀手。

第十章　有人开枪

所有正常的无线电通讯都被突然打乱了。"有人开枪！有人开枪！有特工中弹！108号呼叫指挥中心，请求支援！有特工中弹！"

面对这种求救，通讯指挥中心通常会回复三声警笛，以告诉大家不要占用频道。

三声响亮的"警笛"声后，指挥中心回复说："所有小组原地待命——有人开枪，有人开枪，108号请报告你的位置。"

"108号位于第五大道和海因斯街十字路口西北角附近

的3号地点，我们遭到了埋伏！有特工中弹，头部受伤！有特工中弹！"你可以在广播中听到枪声，而他话语中的情绪则让我感到惊恐万分。

"重复——我们被困住了，需要支援，需要医务人员立即到3号地点。209号中弹，头部受伤。哦，我的天啊！快点！我们需要支援！"

"所有小组注意，所有小组注意，3号地点有人开枪，有特工中弹，请回答。"通讯指挥中心传来这样的声音。

听到这一求救信息时，我的脸上就像挨了一拳一样，我懵住了。但是，我立马又消除了自己的疑虑，投入到行动中。那天晚上，和我搭档的是负责这起案件的特工——一位经验丰富、深受尊敬的老兵。杰克（Jake）和我相互看着对方：广播里说的可是我们的人。这样的事正发生在我俩身上。日常的监视没有任何征兆地演变成了流血事件。

短短的几分钟之内，联邦特遣队的其他部门和地方警察都在做出响应。他们开始尽快在事发区域拉起警戒线，以防止枪手逃跑。医务人员以及其他所有可以调动的单位也都在赶来的路上。

他们当时的想法是封锁控制区,不让任何嫌疑人出去。其中的一个特遣队员开始在停车场附近搭建指挥所。

贩毒老手有时可能会变得极为暴力,今晚发生的事就再一次证明了这点。随着我们快速赶往现场,我的心脏开始怦怦直跳。

一般来说,发生这种状况时,唯一可以占用电台的是那些在现场的人。其他人都应该听他们讲述细节。比如,子弹来自哪里?我们不应该从哪个方向靠近现场?中弹的特工在哪儿?这么做的目的是为他清理出一条通道,遏制攻击,立刻开始紧急救治。

待我们快速赶到现场之后,天色渐渐暗了下来,警戒线已经布置好,我们头顶也有直升机在盘旋。当时,我们的直接目标是找到中弹的特工。然而,当我们逐渐向他靠近时,一辆把守着部分警戒区域的巡逻车挡住了我们的去路。

"你们不能进去。"其中的一位军官说道。

我们向他出示了证件和警徽。

但他依然拒绝说:"对不起,伙计,指挥所命令禁止任何人进出。"

"指挥所？听着，我才是负责这起案件的特工，"杰克宣称，"我告诉你，现在把车给我移开，要不然我就用自己的车把它推开。你听懂了吗？我们的一位特工在里面中了弹，他的搭档正在求救。我们现在就要进去！"

听到这些，那位军官妥协了，移开了自己的车。就当他在我们进去后再一次封锁警戒线时，头顶的飞机立刻注意到了我们，然后就在广播中要求我们自报家门。（我们伪装过的汽车并不像警车那样，警车的车顶都有着巨大的、可供辨别身份的数字。）

"联邦2-7号特工正在进入事发区。"我回答说。

"3号指挥机呼叫联邦2-7号，请注意，你们正在进入死亡地带。立即停下，不要继续前进，撤退。"

杰克一把夺过我手中的麦克风："3号指挥机，这里是联邦2-7号。请指引我们前往受伤特工所在的区域——重复——请指引我们前往中弹特工所在地。"

"收到，联邦2-7号，继续往前，向北推进——"但在他们进一步告诉我们该往前走多远，或者其他任何事情之前，指挥所便打断了指挥机的信号。

"联邦2-7号,立刻向指挥所报告!"

杰克和我相互看了看对方,都在纳闷是谁在向我们下达这样的命令。

"联邦2-7号,立刻向指挥所报告——收到请回答!"

杰克思考了片刻,最后,终于做出了回复。

"不,指挥所,联邦2-7号不会离开封锁区。我们要进去找到我们的特工。"

"2-7号,立刻撤出封锁区——我们在等待特警队。这是命令!"指挥所厉声说。

"不。"杰克把声音调低,看着我立马回答道。

此时,我们都已经意识这发号施令的声音来自于那位恰巧在和美国助理检察官约会的上司,他被派来指挥现场行动。出于某种原因,他觉得自己在这里说了算。但事实上,他来自另外一个部门,而且他自身的各方面训练都非常有缺陷。虽然一点儿处理这种状况的经验也没有,但是他却敢声称自己说了算。很显然,其他人也很喜欢这一想法,也想等着特种部队来解决难题。毕竟,没人可以肯定地说出枪手的具体位置。

"好吧,他禁止所有人进入,而大家也都听他的。看来我们是不会从他们那儿得到任何帮助了。他们很害怕。但是如果我们回到指挥所,就将完全被排除出这次行动。你准备好与我一起继续前进了吗?"杰克问道。

"走吧,"我说道,"直升机不是说直着往前走吗。"

但是,接下来突然又响起了两声枪响。我们两个都本能地躲闪着,而我们的队友依然暴露在枪声下。

由于狙击手依然埋伏在暗处,我们最有可能安全地找到队友,甚至发现狙击手枪口位置的办法便是步行前进。当时,我们穿着防弹背心,拿着MP-5冲锋枪和9毫米口径手枪,腰里挎着无线电和手电筒。我们两个分头行动,用黑暗的夜色、汽车、大树和灌木作掩护,开始沿着街道两边小心翼翼地向前推进。我们用头上狭窄的飞船轨道当作向导,朝着之前被告知的方向前进。最终在黑暗中的另一个街区里,我们找到了一辆车,这车看起来像是我们联邦特工用的车。而事实证明这正是队友们的车。

在我们到达案发现场之后,队友伤势的严重程度让我感到非常愤怒。另外一个特工正抱着自己搭档的头,面无表情地看着我们,他明显处于极度震惊的状态。我们悄悄地靠近了他。他整个人都失魂落魄了。"我以为你们不会来了,他们怎么没来?"他问道,"怎么花了这么长时间?后援在哪里?他们怎么没来?"当时,他已经发狂了,依然跪在同伴身边,用手托着同伴的头,不断重复着:"我以为你们不会来救我们了。我以为没人会来救我们。"

"看着我,"杰克告诉他说,而此时我们都蜷缩在汽车边上,尽量压低着身子,"我们来了。我们从没想过不来救你们。现在,听我说,告诉我们枪声从哪里来。"他用手指了指。在杰克一边给他实施紧急救治,一边试图搜集更多信息时,我扫视了一下周围,弄清了我们的准确地点。

"联邦2-7号呼叫指挥所,我们需要支援,请派救护车到3号地点。我们距离西北角有两座房子的距离,现在在西边——快!"

"不行。"指挥所回答说。

"联邦2-7号立即需要救护车!有特工头部中弹!"我冲着电台咆哮道。

"不行，"指挥所回答道，"你们违抗命令在先，现在必须自己把他带出来。在特警确认封锁区安全之前，其他人不需进入。"

我看了一眼杰克，心中的怒火在熊熊燃烧。

这简直令人难以置信。经验丰富的特工和警察竟然都像懦夫一样服从这样的命令，面对"特工中弹"这样的呼救竟然选择无视，坐视不管。而所有的这一切都是因为一个官衔很高的指挥官效仿者，他控制着一辆贴着"指挥所"标识的拖车，轻而易举地让其他人只能冷眼旁观。

此时，杰克的手机开始响起。现在，我们小组的其他几名队员也已经陆续到达封锁区边缘，他们听到电台里的对话之后开始直接给杰克打电话。他们像我们一样逐渐向封锁区渗透，用自己的车作为靶子向我们俩所在的位置前进，与此同时，我们两个则密切地注意着敌人开枪的位置。后来，在将受伤的特工以及心有余悸的同伴弄进车里之后，我们靠着自己的力量成功把队员运出了死亡地带，而其他的部门则依然待在原地待命。

在出去的路上，我们不得不开始为伤者进行人工呼吸和心肺复苏，以至于等到达指挥所时，已经弄得满身是血。不过，我们一刻未停，又急匆匆地将伤员抬上了救护车。

由于指挥所没有按照我们的请求派救护车进入封锁区，我们的同事失去了宝贵的施救时间。他朝我们走来时，杰克正在接电话。"保持冷静"，杰克建议说。

只见这位自封的指挥官走到我们面前，没有丝毫关心我们同事安危的意思，郑重声明道："你们两个已经被免职了。"他像个魔术师一样挥舞着自己的胳膊，并告诉我们："你们两个都不得再插手这起案件。"

对此，杰克选择无视。他一边收起手机，一边跳进了即将出发的救护车里，将与受伤的警员一起离开。然后，他回头看着我。

"保护好犯罪现场，"他冲我喊道，"我刚刚呼叫了特警队和警犬队。"然后，他就消失在了视线里。

"什么？"我重复了好几遍，感到非常吃惊，这简直令人难以置信。他们甚至还没有呼叫警犬队和特警队？

原来，在四处寻求帮助时，杰克就已经发现指挥所甚至还没有呼叫过特警队。此时此刻，我感觉心中已经满是怒火。

然而，当我转过身，想要与"这位无能的负责人"当面对质时，他已经转身走回指挥车了。其他的队友都在盯着我。那一刻，我看到情况正在朝非常坏的方向发展。虽然我不想按照利奥-泰教给我的东西去做，但我最终还是控制住了自己——就这么让他走了。我就这样看着这位管事的指挥官和他的同伴回到了指挥车里。

是时候把注意力重新放在案子上了。"走，我们去保护犯罪现场。"我告诉自己的同伴。我们再一次小心翼翼地回到了死亡地带，直到特警队和警犬最终到达现场，并最终宣布整个区域已没有任何狙击手的踪迹了。

之后，我刚刚回到指挥所附近，就接到了杰克从医院打来的电话。在电话里，他告诉我，我们的朋友已经牺牲了。

直到现在，我依然记得听到这些后自己看着指挥车的眼神，然后强迫自己穿过街道，与其保持距离。

那天晚上，我记得自己背靠着一棵大树，坐在一户人家的前院里，心中的悲痛感与对于这位不肯派救护车的指挥官的愤怒交织在一起。

　　我记得自己当时的想法是：对于任何一个手里拿着枪的人来说，脑子里满是这些情绪都是非常可怕的。

　　我依然记得那天晚上是如何用专注呼吸以及利奥-泰传授给我的其他智慧阻止自己与那位指挥官当面对质的。

　　我记得自己虽然在不断思考，不断告诉自己这件事不能就这么完了……

　　但是不论对于那天晚上——还是对于现在来说，这件事都必须告一段落了。

记住：你必须做出决定，选择控制愤怒。因为如果你在愤
　　　　怒面前失去了自控，那结果肯定就是愤怒控制了你。

第十一章　论失败

经过几个月的调查之后,上述案件中的枪手后来被逮捕、判刑,那位无能的指挥官被清除出组织,我的搭档杰克则又收获了一枚奖章。

内心强大的运动员明白,他们并不总能控制比赛过程中会发生的事情。有时,不论准备得多好(多努力),事情也并不会按照我们想要的方向发展。面对这种情况,我们看待和处理问题的方式往往会对比赛的走势产生影响。

因此,即使我们并不总能控制故事的发展方向,但至少还可以始终掌控我们面对事件时的反应。内心强大的勇士会把注意力放在他们所能控制的事情上，而不是"如果……将会怎样"或者"要是……"等未知的事情身上。在面对不受欢迎的事情时，一项非常重要的技能便是选择自己的做法。这种技能对于我们在比赛中的表现，甚至对我们的生命来说，都至关重要。

内心强大的勇士明白，没人可以做常胜将军。不论在生活中，还是在体育运动中，都是如此。当事情没有按照自己想要的方式发展时，他们知道自己可以对此感到失望，但不可以一直对失望无法释怀。

冠军们懂得如何从长远的角度看问题。他们能够承担起责任，认识到眼前的挫折只是暂时的，没有什么必要耿耿于怀。是的，那种感觉很痛苦，所以他们会认真看待，从中学习，然后选择放下。当然，我也曾经迷失过，事实上，我恰恰就是在那时第一次遇到了利奥-泰。

当时，作为一名年轻的武术家，我正在全球各地参加锦标赛。那时，我刚刚输掉了一场重要的国际比赛——而且更糟糕的是，我真的一直都期待着在那场比赛中获胜。输掉比赛后的那段日子对我来说非常难熬。

虽然身边的人一直在告诉我:"虽然输了,但你已经很棒了!"但我真的不想当亚军。随着时间逐渐流逝,我对于自己的懊恼换来的是训练逐渐减少,必胜的决心开始枯萎。一切事物在我看来,要么非常无聊,要么难以提起我的兴趣。我已经彻底懈怠了。

我记得,一次一个年纪稍微大点的孩子问我听没听说过利奥教练。

"没听说过,"我回答说,"他都教些什么?"

"虽然大部分时候都是教少林功夫——一种中国式的跆拳道,但他也会教些其他的。他真的曾给我的训练提供过很大帮助。"

"那他是怎样帮你的呢?"我问道,对此有了些兴趣。

"这是他的电话,打电话给他吧。他的课都是小班授课,告诉他你认识我。"

我随身带着那张纸条差不多晃悠了两个星期。最后,我想了想:"我还有什么可以输的呢?"于是,我就打电话给他,把自己的故事讲给他听。在整个过程中,利奥教练只是在电话那头静静地听着,他简直太安静了,以至于我都开始好奇他的心思是否已经飘向了别处，或者是否已经挂断了。

"明天来我这吧。"他告诉我，然后我们的谈话就结束了。

到了第二天，我差点就不去了。我记得当时在不断地问自己："为什么要给这个教练打电话？"我想努力找个理由取消这次约定好的见面。尽管我试图尽自己最大的努力说服自己，但在找到理由之前，我还是按时赴约，敲开了他的房门，见到了他。只见中等身材的他，看上去已经上了年纪，面部表情非常平静、真诚，根本不是我所想的苦行者的形象。

"丹尼尔-圣。"他向我打了声招呼。

我笑了笑，似乎自从电影《龙威小子》(*The Karate Kid*)上映之后，大家都开始这么称呼我，对此我也已经习惯了。

"你看上去很像你哥哥，请进吧。"

"你认识我哥哥？"我问道。然后，我突然意识到自己以前确实听说过利奥教练！只不过我从未听说过人们这么称呼罢了，因为我哥哥总是称呼他为利奥-泰。在我的记忆中，利奥-泰一直在教哥哥打拳。而哥哥又转过来教我，直到后来他应征入伍后被派去了越南。在战争中失去他之后，随着我慢慢长大，我经常发现自己会想一些有关利奥-泰的事情。而现在，就像命中注定的一样，他——我哥哥的旧教练，就站在我面前，这是个巧合吗？我环顾了一下四周，看上去他的居住环境简单得跟和尚差不多。

不知怎么地，知道了我哥哥有多爱他之后，我发现自己很容易与他坦诚相待。喝了一些茶，向他讲述完锦标赛失利后这段时间的详细情况之后，我的话就说完了。他笑了笑，然后开始打开话匣子。

"你必须忘记这次失败。真正的冠军会理性看待这样的失败，"他说道，"虽然你必须用足够长的时间来研究这次失败，才能从中学到东西，但在那之后，你就必须把它抛到脑后。"

"说起来容易，做起来难，"我思忖着，但是英雄所见略同，"放下吧。"我在心里接受了他的建议。

"放下吧。"我告诉自己，从心里开始慢慢允许自己卸下那场失利所带来的重压。

吸取教训——然后放下。还有什么比这更简单,更能治愈伤痛的呢?

但是他还没有说完。他俯身向前,仿佛是在确认我真的在注意听。

"记住,冠军永远不会沉浸在自责游戏中不能自拔。他们会振作起来,开始为接下来的比赛努力。他们会高高昂着头,即使这并不容易做到。他们会驱使自己不断向前。他们知道自己必须这样做……他们永远不会忘记这样一句话:如果你没有失败过,那可能就永远无法站在一个足够高的水平挑战自己。"

临走时,他站在门口,笑着对我说:"丹尼尔-圣,我想看到你重新站起来,我希望你继续坚持。等你做到了这两点,再回来找我。"

这便是我与利奥-泰的友谊的开始。

记得那天晚上离开他朴素的家之后,我想着这么多年之后又找到了我哥哥的老师,感到十分高兴。虽然我还仅仅是位青少年,也知道自己的事业才刚刚开始,但我却永远不会忘记那晚走回家时的感觉——不知怎么地，我感觉自己的人生刚刚发生了一个意想不到的、非常有趣的转折。

记住：冠军们会将注意力放在他们可以控制的事情上。他们知道，尽管自己无法始终控制比赛中会发生的事情，但可以一直控制自己对比赛的反应。要记住每一个挫折背后都隐藏着一个强势回归的机会。

第十二章　害怕失败

这样问问自己：你属于哪种类型的竞争者？是那种喜欢求稳，马马虎虎就行的竞争者？还是那种为了实现某种惊人之举而愿意冒失败风险的竞争者？从根本上讲，正是害怕失败妨碍了人们在体育运动、生活、商业领域及一切事情上发挥出自己的最大潜力。

事实上，害怕失败并不只是一件坏事。但它的底线在于，想要在自己所从事的体育运动或者其他领域做到出色，你就不能害怕失败。其中的原因在于：害怕失败实际上会创设一个更可能让你失败的情境！

此外，害怕失败还会引发很多问题。它会限制你的发展。害怕失败这一错误念头会使你呼吸急促、肌肉紧张以及压力过大……更严重的是，它还会使得竞争者开始想着求稳，使得原本可以勇敢迎接挑战的他在潜意识层面选择退缩。

反过来，也是重要的一点，一旦竞争者学会了克服失败的恐惧感，他成功的机会便会大增。

在现实生活中，害怕失败只不过是一种感官上的，对自我和自尊心的心理威胁。通常情况下，使人们产生对失败的恐惧感的是占据支配地位的思想状态，它可能出现在比赛选手开始害怕自己会输得很难看时，又或者是一位完美主义者开始对自己过于苛求时。在以上两种情况下，无论有意无意，人的内心状况最终都会抑制自己的表现。

对于成年人而言，害怕失败所带来的可远不只是破坏他们的机会而已。然而，对待孩子时，父母和教练必须格外小心。有时候，常常就是成年人引发了少儿运动员内心日积月累的神经紧张感。在孩子偶然失败时向他们传递出的错误情绪，不仅可以毁掉一个孩子对于一项运动的热爱，有时甚至会摧毁他们的自信心。

  这里我尤其需要强调的一点是，我们应该帮助孩子培养他们的自尊心，而不是将其毁掉。父母应该谨慎地使用批评，不要将批评表现出来，因为恰恰就是这种成年人的行为造成了孩子对失败的恐惧。

  为了避免产生那种会引发失败恐惧感的心理状态，内心强大的运动员首先必须站在与大多数人完全不同的角度来看待失败。他必须学会接受，取得伟大成就的唯一方式便是在一开始勇敢面对失败的风险；必须承认，不经历偶尔的失败，人永远也没有希望变得更好；必须明白，在通往伟大的路上，有些失败是在所难免的。当失败真的来临时，内心强大的运动员必须有意识地做出决定，从失败中学习。面对失败，他不会放弃自己，沉浸在痛苦中不能自拔，而是会通过某种方法消灭内心那个毁灭性的自责的声音，转而把失败看作是对自我训练的一种有价值的反馈。

  这样，在面临失败时，他就可以了解到在自己的训练中，究竟哪些部分没有产生效果，学会了从失败中汲取一些建设性的意见。换句话说，内心强大的运动员是不会允许失败的恐惧感阻止自己迈向卓越的。通过学习从不同的角度看待失败，顶尖的竞争者在参加比赛时可以做到毫不害怕失败，而这点对于取胜而言尤其重要。当一个人对于失败没有丝毫恐惧时，他便在无形中拥有了重要的优势，一种可以改变一切的优势。

　　要知道，在人类历史中，还没有人能做到不经历失败便走向卓越，不论是在体育界，还是在其他领域。政治家们曾选举失败过，将军也吃过败仗，百万富翁们在前期的商业冒险中也曾经失手过，每枚奥运金牌的获得者背后都有着数百次得亚军和季军的经历。

　　认真想想这点。

记住：害怕失败是因为不知道如何让失败变得有建设性意义。让自己在某些方面成就卓越的唯一方式便是一开始就勇于冒着失败的风险去尝试。如果你害怕失败，那它可不仅仅是一件坏事而已，它还可能毁掉你成功的机会。

第十三章　控制恐惧

一天，利奥－泰问我恐惧方面的事情。

"丹尼尔－圣，飓风风眼处，一般都非常平静——只有在风眼之外，飓风才会展现出它所有的狂暴和能量。内心强大的勇士也必须如此。"

我告诉他，自己曾经有一次感到无比恐惧，甚至感到自己快被压垮了。我承认，自己在一次海军飞行训练时，真正体验到了那种即将溺亡的感觉所带来的恐惧感。当时，我在训练中有好几次都差点溺亡。事实上，尽管教官们一直在努力避免这样的事情发生，但每年还是有人在那种训练课上溺死。这就是实际情况。

所有的深水生存训练都是在全副武装，戴着头盔，穿着靴子的情况下进行的，没有任何漂浮设备。你必须运用所学技能，排除那些试图将你拉到水底的力量，让自己避免溺水。经历完整个过程，人会感到筋疲力尽。一天，由于没有掌握足够的技巧，我体验到了即将被淹死的恐惧。至今，我依然记得那深绿色的湖水、最后的喘息、一瞥淡蓝色的天空……以及我沉下水时的最后念头：

我希望他们能注意到有一个头盔正在下沉……

这还没完，最糟糕、最恐惧的训练叫作"直升机扣杀"。想象一下与副驾驶员和其他4名机组成员被拖进直升机模拟器中的场景。在所有人都系好安全带后，整个装置会被扔进一个最深6.1米的训练水槽中。之后，所有人都不许动，直到整个"飞机"沉入水底，然后在缆绳的带动下，这个"飞机"不断地上下、左右旋转，试图让所有人失去方向感。设备停止旋转后，你必须数10个数，然后登机的6个人全都必须找到之前教官指定的那个舱口，并且逃出去。整个过程中，所有人必须佩带被涂成黑色的游泳眼镜，以使其看不见任何东西。这种有趣的情况很容易让人陷入恐慌。

当然，为了能安全出去，唯一的技巧便是不要恐慌，慢慢松开安全带，绝对不要失去参照点。在寻找出口时，一只手必须始终抓住模拟器内部的某个部分。一只手绝对不要松开参照点，直到另一只手伸出去，找到一个新的参照点为止。因此，即使你头朝下浮在水中，在黑暗中完全迷失了方向，始终抓住参照点的那一只手也会给你的内心带来它所需要的参照点。之后，通过自己的心灵之眼，你便可以找到教官指定的舱门出口。

一次，我的一位室友因为没能解开安全带而陷入了恐慌，最终不得不被救援潜水员拽出模拟器。他差点就淹死了。被救出水之后，那种恐惧感真真实实地写在他的脸上。但是，因为他的失败，我们都没能完成任务。毫无疑问，我们又被立即装进模拟器中从头再来，根本没有时间细想他刚刚差点淹死的经历。我们再次被拖了进去，一次，再一次,直到所有人都完成任务,打败了害怕淹死的恐惧感。

"那种感觉肯定非常强烈,"利奥-泰说道,"毕竟,在人们面对危险或者令人害怕的事情时,恐惧是一种正常反应。尽管许多人会说恐惧是健康的,但是如果让恐惧掌握了控制权,就没什么好处了,尤其是当我们必须去拯救自己或者别人时。有时候,恐惧可以毁掉我们的表现潜力。"

"既然这样,那么怎样阻止恐惧感掌握控制权呢?"我问道。

"控制恐惧包含两个方面:选择和策略。选择指的是我们是否真的选择直面恐惧;策略则是指在做出这样的决定之后,该如何继续前进。在海军部队中,他们会理所当然地替你做出选择,而你也不得不直面自己的恐惧。不论你们喜不喜欢,他们都会执行自己的策略,从而迫使你战胜恐惧。"

利奥-泰直直地看着我的眼睛。

"恐惧会让人紧张、疑惑、焦虑,让人失去方向感和专注力。在最坏的情况下，它甚至可以强有力地切断神经和肌肉之间的联系！那些害怕失败的人自然而然会倾向于将注意力转移到可能会出错的事情上。丹尼尔-圣，当这样的情况真的发生时，便会产生错误——而且通常会是那些我们最担心会犯的错误。"

"我明白你的意思了，但是在某些事情上的错误想法怎么会让事情变得更糟呢？"

"恐惧可以使勇士将注意力放在负面的事情上。充满恐惧的竞争者可能会变得过度谨慎，决定求稳，而不是一心争胜。"

"恐惧可以使一个人从努力求胜的竞争者，变成一个尽力不输掉比赛的人。对于一位勇士来说，一旦丧失自信，之前与对手相比所拥有的一切优势都会开始消失。"

"但你又是怎样控制恐惧的呢？"

听到我的问题，利奥-泰笑了笑。"恐惧源自哪里？它发生在你的思想中，因此它可以被控制。在充满竞争或者危险的状况下，一定程度的恐惧也是正常的。重要的是不要让它发展到失控的地步——并且要了解一旦发生这样的状况该如何处理。记住这一点：冠军们明白只有在自己放任恐惧发展的情况下，恐惧才会变得非常强大。对于未来（或者甚至是过去）的某件事的恐惧也可能是一种令人震撼的体验。因此，重要的，也是有必要做的一点是收回这种情绪的能量。对于勇士和冠军来说，他们会通过让自己回到当下来实现这点。而丹尼尔-圣，想要做到这点，最容易的方式便是密切注意你的呼吸。想要让自己立足于当下，你必须控制好自己的呼吸。"

"你的意思是下定决心做好专注呼吸？"

"没错。那也是我们最初所学的东西。你必须保持专注，控制自己的呼吸。观察、控制自己的呼吸可以让你逐渐平静下来，但更重要的是，它可以让你回到当下。一旦你回到现在，回到当下——你（或者其他任何勇士）便必须直面恐惧。"

"意思是要控制自己的恐惧？"我说道。

"正是。问问自己是什么让你如此害怕？然后理性地面对它，降服你的恐惧。你必须在动手完成目标之前这样做。回想自己过去的成功时刻，或者训练中的成功，这样做可以帮助你驱散恐惧。回想自己平时表现得有多好，自己有多热爱这项运动、比赛以及它所带来的挑战，或者自己在工作上的表现多好，也证明是有帮助的。接下来，你必须制定一项策略，然后勇往直前去迎接挑战，不管有多恐惧。"

虽然这一切听上去都是可行，甚至鼓舞人心的，但我依然有个问题。

"那么，我如何才能避免产生那些让我感到恐惧的消极思想呢？"

"一注意到它们出现，就立刻打断它们，"他回答说，"用积极的自我对话和画面来替代、淹没它们。你必须疏导愤怒的能量，让它变成自信。这便是一种转化愤怒能量的方式。"

然后，他站了起来。"在交锋或者重大挑战面前，你只应感受到一种能量——就是那种告诉你做好准备的能量。如果你觉得这种能量更像是一种恐惧，而不是自信的话——记住那说明你已经开始感到害怕了。丹尼尔-圣，面对恐惧，你必须培养敢于挑战的精神；人总是可以战胜恐惧的。"

记住：人总是可以战胜恐惧的。你要做的只是直面恐惧，然后运用某种策略在恐惧下保持前行。

第十四章　窒息表现

利奥-泰和我正在讨论刚刚一起看过的一场全国性比赛。

期间，他若有所思地说："你是否曾经注意到，有时一名运动员的表现明明看上去很好，但在突然间，他就好像被某种压力禁锢了一样，然后一切都开始朝着不利于他的方向发展？"

我想这简直太有趣了：他说得很对。为什么有时候大幅领先且具有强大优势的一方似乎会因为压力瞬间崩溃呢？几乎没有运动员可以幸免，即使是那些伟大的冠军选手有时也会成为受害者。最后，甚至就连他们自己也承认曾经在比赛中遇到过"快要窒息"的情况。

"那么，是什么因素导致的这种状况呢？"我问道，"我们又可以做些什么来阻止它发生呢？刚才比赛中的那个家伙怎么了？难道是他突然开始害怕输掉比赛了吗？"

"从某种程度上讲也许是这样的，但这么说并不准确，因为只有当竞争形势威胁到运动员的信心时，他们才会出现喘不过气来的情况，"利奥-泰说道，"虽然他看上去有点像是害怕失败，但窒息是运动员的自我受到心理威胁所做出的具体的肢体反应，它带来的影响已经超过了恐惧。窒息远不仅仅是心理上害怕失败，它发生在自我表现受到紧张、压力以及担心因出错而出丑等情绪的实际影响时。它与面临危险或者危及生命状况时产生的恐惧感非常不同。虽然两者之间的差别很细微，但是它们却是不同的。"

"是的，"我承认道，"但是我不确定自己能否找出两者间的不同。"

"这也许是因为两者所引起的身体症状非常相似。但是，你要记住，它们的起因不同。在两种情况下，紧张和压力都将影响运动员的呼吸节奏，损害大脑和肌肉的氧气供应，以至于让他开始感到焦虑。随着低效的呼吸节奏开始生效，他的表现也在最需要展现自己的技能时，也就是感受到压力时开始下滑。然而，与之不同的是，窒息实际上是由于担心自己会因输掉比赛出丑而引发的，而不是任何实质性的或是能被感觉到的危险。"

"那么，那位冠军本可以做些什么呢？"

利奥－泰摇了摇头："他的错误在于让那种看上去很糟糕的恐惧笼罩了自己。这种恐惧的势头不断增强，最终带来了引发实际窒息反应的紧张和焦虑。他需要做的是，开始利用专注呼吸技巧，在现场减轻焦虑感。专注呼吸可以让一个人学会放松。慢慢地，氧气开始充满全身，肌肉重新恢复了活力，焦虑感也开始消退。呼气时，感受身体的放松；当你开始控制好自身的焦虑之后，事情便会开始朝着有利于你的方向发展。"

利奥－泰关掉了电视。

"在上述这些案例中，我们必须运用专注呼吸技巧来帮助自己重新控制住自己，将注意力带回到当下，让自己感受到压力渐渐消退……不过，丹尼尔-圣，要记住：既然窒息源自你的自我意识，单单处理肢体上的症状是远远不够的，尽管从这方面开始着手并没什么不可。一旦专注呼吸开始起作用，你就必须重新从自我意识那儿夺回自我控制权。"

"请继续说。"我说道。

"想要做到这点，你必须立即在周围的环境中找到一个关注点，然后在继续练习专注呼吸时，盯着这一点。这样做会帮助你将注意力从自我重新转移到手头的特定任务上来。将注意力放在外在的事情上能够帮助我们减少对自我的关注——引发一切问题的最初源头……一旦一名运动员真正明白了引发窒息症状的原因，他便可以摒弃这种思想，立刻将注意力重新放在眼前所面临的挑战上，以防止事情进一步恶化。一旦见识到了窒息反应的真正面目，你便可以运用这一策略阻止其发生。一定要学会在比赛中忘记自我，否则，它就会成为你成功路上的绊脚石。"

记住： 在比赛中突然出现窒息的情况是担心出丑的自我感觉引起的。因此，你必须学会在比赛中忘记自我。

第十五章　沉着应对压力

虽然已经退伍好几年了,但最近我又经受了一场磨炼。联邦特工们一边看着笔记盘问我,一边时不时地交换一下眼神,然后又回过头来看着我。

"你现在可以走了。"主管的特工说道。

"那再好不过了。"

我看了看手表,惊讶地发现不经意间已经过去了两个多小时。在这两个多小时里,我一直在经受区办公室高级特工的不停拷问。我想这可能是因为我面临着很多强劲的竞争对手。不管怎样,我站了起来,点点头以示感谢,然后朝门口走去。

但是，就在我到达门口之前，主管的特工又把我叫了回来。

"哦，还有一件事，"他说道，"如果你不介意的话，我还有最后一个问题想问。"

"在我的律师到这之前我不会再回答任何问题。"我板着脸回答说。

他们的脸上都露出了微笑，其中的一个人还笑出了声。（那一刻我心想：哇，这些人也还是有幽默感的。）

"我注意到申请文件中提到了，你曾经接受过一些非常宝贵的训练，有过做运动心理训练师的经历。这让我不禁想问，你在今天的面试中是否运用了你教给运动员的某些心理技巧？"

我笑着看着他。

"当然，"我告诉他说，"在今天的面试中我当然用到了一些心理技巧。"

后来，他告诉我，他注意到这种类型的座谈在制造压力方面非常有效，以至于他们已经成功地让很多申请者感到惊慌，除了我……就是这样，我开始了自己的特工生涯。

压力。巨大的压力。在部队里，我已经见识过很多这样的情形。对于大多数运动员来说，如果让他们选一项自己通过心理训练课程能立竿见影的能力，那便是在压力面前表现得更好的能力。

当然，感觉到竞争所带来的压力本身非但不是一件坏事，而且实际上可能激发出你的最佳状态。造成结果不同的真正原因正是你处理压力的方式。不论你在想些什么，事实上，你感觉到的所有压力都来自自己的内心。一旦明白了这点，你便可以将自己从中解放出来，去做那些真正擅长的事情。

那么，压力又是如何给我们的表现带来负面影响的呢？

答案是，我们的协调性、专注度和判断力都会受到影响。你的心跳和呼吸频率会加快，思维也不再像往常那样清楚。通常情况下，压力所带来的紧张会驱使你尝试以更快的速度做完某些事情。然而，如果你选择对这种冲动让步，开始匆忙行事的话，事实上你的表现往往会更差。

不明白如何处理压力势必会影响你的整体表现。不论是在会议室，音乐会舞台，还是顶尖体育赛事中，它都会损害你的表现。面对这种情况，你首先必须学会让自己保持冷静。这一点可能是常见的竞争者和内心强大的运动员之间最大的差别。

内心强大的勇士已经学会了如何在压力下保持冷静，保持对目标的专注。他们知道保持冷静是自己的成功法则的一部分。因此，他们才会开始控制压力——第一步是承认感受到压力没什么问题。虽然他并不否认自己很紧张，但也没有在压力面前选择屈服。

下面是一些经过实践反复检验的技巧。内心强大的勇士需要学会这些，从而使自己在压力下保持冷静和对目标的专注：

学会集中注意力以及运用专注呼吸技巧。运动员可以训练自己在巨大的压力下运用呼吸来帮助自己重新掌握主动权，让自己回到当下。

面临压力时，要确保在吸气时让空气直达肺部最深处，从而让提神的，让人更加快乐满足的氧气布满全身。

然后，在呼气的同时，释放掉所有的紧张和焦虑情绪。密切注意放松和重新获得控制权的感觉。专注呼吸会帮助你减轻压力，使你的注意力回到当下。

此外，运动员还可以通过运用肌肉放松技巧来释放压力。在竞争环境之外，通过不断练习而掌握了这一技巧的运动员便由此具备了一项宝贵的技能，以应对在未来的竞争环境中或许会感觉到的、不断加剧的紧张和压力。这种可以立刻让肌肉放松下来的能力不仅可以帮助人们减缓紧张情绪，而且有助于平复心情，减轻压力感。实际上，通过一些简单的练习之后，你便可以很快地掌握好激发身体放松的技能。一定要确保自己学习和练习过第七章中介绍的放松诱导技巧，这点在世界顶尖运动员和表演者中非常流行。

有些运动员发现，在面对压力时，自我肯定最为奏效。通过自我对话让自己顺利度过压力困境是一项重要的技能。自我肯定的作用非常强大，因为它可以帮助你应对压力，而不是假装压力并不存在。许多冠军能创造并拥有属于自己的自我肯定技巧。（我很好，我跑得很快，我很强壮，这是属于我的时刻,相信自己,我可以统治比赛。)只要能够帮助你摆脱压力,不管是什么样的自我肯定都没有关系。掌握三个自我肯定句子(也就是积极的表述,它们必须是你可以不断快速地对自己说的),以对上文提到的呼吸和放松技巧进行补充。

此外,有些运动员还会运用另外一种方法来应对压力,即简单地想象一些能够让他们感到放松的事情。有些人选择戴耳机听可以帮自己减压的音乐。有的运动员也许会在一场重要的国际网球赛事中盘腿坐在椅子上,但实际上她的心早已经飞走了。在脑海中,她已经将自己带到了别处,也许是一条寂静的山林小溪,她就这么静静地坐着,流动的水面上太阳的影子一闪一闪。那么,就这么一个简单的方法为什么会起到这么大的作用呢?一定要花时间练习和培养这种专注技巧。

有些冠军承认,他们有时会运用运动心理学中的某一技巧,让自己暂时放下实现某一特定目标的想法——而这一切都是为了让自己感受到压力,然后热情地接受压力。这些运动员会带着高涨的情绪去迎接比赛,他们知道自己所有的努力都将得到回报，现在是走出训练房，享受比赛感觉的时候了。他们带着没有什么可以失去的心态去与人竞争，相信多年的扎实训练会让自己掌控比赛。他们放下了所有残存的担忧，让自己在场上毫无拘束地比赛。有些运动员表示，卸下对于失败的所有恐惧让他们的表现达到了巅峰。

换句话说，不关注结果会使得他们更加愉快地融入整个比赛过程中去。年轻的挑战者"迎战"头号种子选手时会偶尔有这种态度。他（或者她）几乎毫不关心比赛结果，因为感觉无论结果怎样，自己也不会失去什么。当一位挑战者用这种方式说服自己，卸下期待所带来的压力时，即使最终失败了，他们也会发挥出自己的最高水平。后来，这些运动员有时会说自己是如何一点也不担心会打不好比赛，或者在当时是如何全身心地沉浸在比赛中的。当卸下压力，放弃实现任何特定目标的需求时，他们实现预期目标的可能性反而会大大增加。

其他的运动员或许有一套自己坚持多年的赛前仪式或者规律，这些仪式和规律能帮助他们应对压力。如果你就是其中的一员（而且这种方法有效的话），为什么不继续坚持呢？

最后，另外一种方法是回忆自己某一次很好地处理了压力的情形。在脑海中，让自己回到过去，精确地记下当时你所做的正确的事情。看看哪些做法有效？你做了什么？在比赛开始前，你能否让自己在一段时间里保持平静？在那一刻你可以做到忘记自我吗？你当时都在心里对自己说了什么？你脑海中的哪些思想在帮助你减轻压力？精确地找到这些。留意那些在过去帮你应对压力的事情，这可以帮助你再一次找回那些应对压力的技巧。一位完全没有压力感的竞争者有时可以轻轻松松地击败实力实际在自己之上的对手。学会如何控制压力可以帮助你战胜他人。过去是否有一些对你起到过作用，帮你减轻压力的技巧？准确地找到它们，然后再继续使用。

记住：压力都源自心理状况的变化。我们要学会将比赛压力看作是一种可以通过运用心理技巧以及赛前活动加以控制的挑战。

第十六章　内在的自我批评

随着我的角色逐渐向教练转变,利奥-泰便常常通过电话和我沟通。在那些日子里,他很喜欢听我讲起,作为心理优势训练师,我在一所大学中训练不同运动员的经历。

一天,我向他解释了每次摔跤比赛结束后,主教练和我是如何回顾所有的比赛录像的。然后,摔跤手又是如何(一个又一个)地被叫进办公室,坐下来同我们一起看比赛录像的。在整个过程中,大部分时候都是主教练针对技巧或者策略给运动员提供一些建议。几天之后,我又会把那些表现不太好的运动员叫来一起再看一遍比赛录像。但是，这一次有所不同，我会要求运动员们回想一下在经历比赛中最艰难的时段时，他们都对自己说了什么。

"非常好，"利奥-泰说道，"你们找到他们的共同点了吗？"

"当然，"我回答说，"我们发现他们的一个共同点是，在事情变得非常糟糕时，他们都会对自己说一些消极的话。通过观看比赛录像，他们能够清晰地记起自己当时在想些什么。我们发现，但凡是表现不好，事情朝着非常糟糕的方向发展时，他们脑海中的自我对话都非常糟糕。这样的内心对话会让他们的表现变得越来越糟。也就是说，就在需要他们动用所有的决心以扭转时局的节骨眼上，他们的自我对话却在忙着将他们大卸八块。"

"听上去很有趣。"利奥-泰静静地说道。

"因此，我们会再播放一遍录像带，只不过这一次的目的是让运动员练习在事情不顺时说出积极的自我对话。我会这样说：'这一次，让我听到一位冠军的积极的自我对话，他也许在比赛中也有难熬的时刻，但是却坚决拒绝把自己驳倒。'然后，他们就会在观看录像带的过程中调整自己的自我对话。事实证明，这样的练习真的让他们大开眼界。他们从中学到：尤其是在情况很艰难时，对于一个运动员来说，最重要的是在比赛中，只听从冠军的积极的自我对话的声音，将注意力放在努力克服逆境上。"

说到这里，利奥-泰发表了自己的一些见解。

"非常好，丹尼尔-圣，你在教他们如何屏蔽内在的自我批评，告诉他们总是去倾听那些听上去更像是从一位态度积极的教练，而不是消极的批评者口中说出的自我对话。你在帮助他们明白，只要是在内心里对自己说话，就必须说些积极的、鼓舞人心的、能够给自己带来能量的话。这一点至关重要，因为就像我们的想法带来的情感会影响感觉一样，自我对话也会对我们的感觉产生影响，而我们的感觉又会影响最终的表现。丹尼尔-圣，一定要始终提醒他们：勇士和冠军之所以选择屏蔽内在的自我批评是因为他们明白自己必须这样做。"

记住：你的自我对话必须是积极的、鼓舞人心的、能够给自己带来能量的，尤其是在最糟糕的情形下。要学会屏蔽内在的自我批评。

第十七章　太过紧张

　　有时候,在竞争状态下,运动员可能真的会因为赛前太过兴奋而表现不佳。在摔跤比赛中便发生过很多这样的情况,有时候(由于处在过度热情的状态),一些业余运动员甚至在踏上摔跤垫之前就将自己的精神调到了狂热状态。但是,他们没能明白的一点是,在比赛前对于自己的表现期待过高往往会损害比赛时的表现。

　　很多年前,我曾经帮忙训练过的一位也曾一次又一次地遇过这种情况的运动员。在比赛前,无论他如何将平静、冷静,控制好自我的情形在脑海中具象化,在比赛当天一大早，他还是会立马陷入对比赛结果的期待中，甚至会由于极度兴奋而无法进食。结果是，尽管他在比赛开始时看上去很有优势，但最终还是因为太过兴奋而表现不佳。在场上，对手很快便使他处于被动防守的境地。这样的结果使他很沮丧，直到他通过练习，学会了如何在比赛前调整兴奋度为止。后来，学会了在比赛前将自己的兴奋度调低一两个档之后，这位运动员便开始赢得更多的比赛。

心理控制力较强的运动员会较早地明白自己在哪种强度下可以发挥出最佳水平。在1~10的强度范围内（10代表最高的强度），大多数顶尖运动员表示他们会在强度为7或者8时发挥出自己的最佳水平。当然，偶尔他们也许也会需要将自己的兴奋点调到最高，到9或者10的水平。但即便如此，他们依然明白，在应对比赛时，这并不是一种理想的强度。

通过弄清楚自己在比赛开始时将状态调到何种强度为好，心理控制力较强的运动员便有了相当大的优势。实际上，他这样做是在帮自己创造条件，以发挥出自身的更高水平。他很好地控制住了自身的紧张度，以使它不至于妨碍自己发挥出最佳水平。虽然这听上去只是一个非常简单的概念，但它带来的影响却非常重大——只不过很少有业余运动员能够意识到这点。你不能每次都把自己的兴奋度调到最高，期望着自己可以不断地发挥出最佳水准。只有当你学会如何适当减轻紧张程度时，神经与肌肉之间的连接才能让你更好地控制肢体技巧。

  自我剖析以及你信赖的人给出的建议将会帮你精确地找准自己一般会在哪种紧张程度下表现最好。努力记下哪些赛前活动能够帮你达到最高效的竞技状态，然后在正确的时机和理想的紧张程度下练习这些活动。总之，就是要学会控制好起关键作用的紧张程度。

记住：在抓住控制比赛的机会前，你必须首先学会控制自己。赛前将自己的紧张程度调到过高反而会损害你的最终表现。

第四部分

现在就开始制定计划

第十八章　你的梦想

在生命中的某些时刻，我会环顾一下四周，然后发现自己已经（暂时性的）实现了想要实现的目标。然后，再回顾过去所有的艰难困苦、挫折和挑战，即使会有一些态度消极的人想尽一切办法和我作对，但不知怎么地，我依然坚持了下来，在做自己想做的事情，达到了自己曾经梦寐以求的位置。

那么，到底是什么驱使着我们努力再努力，不断前行，不断进一步尝试，即使一切看上去都不起作用呢？

那就是梦想。

仔细想想。如果没有梦想和愿景,你怎么可能知道自己希望实现怎样的目标呢?没有梦想的人就像浮萍一样,只能不断漂泊。

那你的梦想是什么?如果这个梦想对你而言非常重要,那便值得去追逐。任何一位冠军都会告诉你,人这一生中,很大一部分时间都是在不断追寻自己的梦想的,恰恰也是梦想在帮助你不断前进。

还记得沃尔特·迪士尼所说的幻想工程吗?在创造梦想的过程中要懂得运用这一技巧。让幻想工程帮助你培养出实现梦想的自信心;让自己在梦想力量的驱使下不断前进。一旦踏上追寻梦想的征程,就绝不要让任何人或者任何事使自己偏离轨道,或者将你击垮。

曾经,我的一个朋友梦想成为一名律师。尽管他的整个家族中没有一个人曾经读过大学,但他给自己定的近期目标还是考上芝加哥大学。后来,考上芝加哥大学之后,他的近期目标又变成以全班第一的优异成绩毕业。当这一目标实现后,他又一次调整了自己的梦想:通过伊利诺伊州律师资格考试。待这一目标实现之后,他成了芝加哥市顶级律师中的一员。然而，即使在实现了这一目标之后，他也没有停止脚步，而是进而梦想着可以通过这个自己用一生的努力取得的职位，使生活在家乡的贫穷的孩子们过上更好的生活。在我看来，这就是所谓的积极的梦想。

那么，你接下来想实现怎样的目标呢？你对未来的憧憬是怎样的？不管你的答案是什么，有一点是可以确定的，那就是如果你曾经希望实现某一目标，必须首先在脑海中不断地将其视觉化，不断地感受它，而不只是偶尔想想而已。要学会在脑海中不断强化自己的愿景，想象自己未来几年内想要实现哪些目标——然后努力实现这一目标。

当然，在整个过程中你不仅仅是在做梦，你需要相信自己，采取行动。想要实现目标，你必须采取一些具体的步骤。通过练习这些步骤，你很快便会学会一些简单的目标设定方法，以帮助自己将梦想变为现实。虽然很多顶尖选手也在用同样的方法帮助自己不断前进，但是现在，我希望你首先清楚地明白自己想要实现什么样的目标。

想想你希望成为什么样的人，想让事情朝着什么方向发展。你需要在一小段时间内进行一些幻想工程练习。闭上眼睛，用自己期望的方式来看待自己以及周围的一切。幻想，感受，清晰而强烈地看到它的样子。让你的灵魂开始翱翔。

记住：首先要弄清你的梦想是什么，这是一项交给你的任务。

第十九章　论目标

勇士和冠军致力于通过不断设定目标，采取行动，来让梦想变为现实。通常来讲，一个运动员的个人成长和巅峰表现与他对目标设定技巧的掌控程度有着直接的关系。内心强大的运动员都是目标导向型的。他们都有着自己的梦想。

当一名运动员开始抱怨缺乏动力时，你基本上可以肯定其中的原因是目标没能激励他行动。不断设定目标能帮你保持对最终目标的专注，有助于增强你实现梦想的欲望。此外，随着你不断经历一些可以衡量的进步与成果，目标也会增强你的自信心。借助于适当的目标设定技巧，你的练习质量会不自觉地得到提高。总而言之，目标可以使人表现更好，帮助我们创造出辉煌的成就。

不过，在给自己设目标时，一定要确保所设的目标在带来挑战的同时，切合实际。稍稍超出自身能力范围的目标是最好的：它们既可以鼓励你努力工作，也可能由于你的不懈努力而得到实现。你设定的目标，既不能过高，也不能太低，太过容易实现——这样的目标恰恰与我们最初的本意背道而驰。我们应该把目标写下来，经常性地进行回顾。设定目标时，你应该按照每天的目标，每个月的目标，每年的目标的顺序来进行，要记住你想努力做到的是不断进步，而不是追求完美。相信我，当你开始把注意力放在那些有意义的特定目标上时，你内心深处所隐藏的能量也会得到释放，好的事情也会开始来"敲门"。

我至今依然清楚地记得见到利奥–泰时，骄傲地把自己清晰地写在纸上的25个目标逐一读给他听时的景象。

听到这些，利奥–泰用手摸了摸下巴。

然后一句"嗯"就把我打发了。听到这个，我立马摆出了一副要跟他争论的架势。(利奥-泰说出的"嗯"绝不会代表"干得不错"。)

"你这是什么意思？"我质问道，"那些目标难道都不好吗？如果成功爬上那些位子，我就会成为当今的顶级拳手之一。"

听到这些，利奥-泰走进了他那狭小但非常整洁的小厨房，然后端着两杯绿茶走了回来。"我的朋友，"他问道，"这些是你自己给自己定的目标？还是别人帮你定的？"

我心里嘀咕着，就算是别人给我定的又有什么不好呢。

"听着，丹尼尔-圣。首先，目标只有在你自己真的想要达到，而不是别人想要你做到时，才是最有意义的。"

"好吧，但是我真的想要实现这些目标。"我有点生气地反驳道。

"其次，"他接着说道，根本没有注意我的表情，"你在这儿写的是什么？'不要在全国锦标赛前几轮输掉？'"

"这有什么不对吗？"

利奥-泰摇了摇头。

"还要我提醒你多少次，你必须确保用强调自己希望发生什么，而不是想要避免什么的方式来描述目标。'不要在全国锦标赛前几轮输掉比赛'这一条根本就不是什么目标，而是一种恐惧。"

然后，我更加仔细地看了看当时写下的25件事。发现其中大概有四分之一的表述都很消极。然后，我把那张纸攒成一团，扔了出去；此刻，我的目标很明确，纸团径直飞进了废纸篓。

"那么我接下来该做些什么呢？"

听到这些，利奥-泰脸上露出了笑容。

"你的这些目标一点错也没有，但是你必须经过深思熟虑才能设立这些目标。问问自己接下来的两年或者三年时间内想要实现什么目标。把这些当作你的长期目标，并且设定一个明确的完成日期。"

"好的，那然后呢？"

"然后，想想在接下来的一年时间内想要做到的事情（至少三件）。把这些当作你的短期目标，并设定一个明确的完成日期。"

"再然后呢？"我问道。

"再然后就是明确每个月可以做哪些事情来帮助自己实现短期目标，"他回答说，"把它们写下来，这就是你的月度目标，同样也设定一个完成日期。

"每天设定目标并完成，这样你就能实现月度目标，然后月度目标会帮助你实现自己的短期目标，短期目标的完成又会帮你实现长期目标。当你的目标能够像这样组合在一起时，你便可以开始实现它们，并不断进步。但是，你首先必须确保这的的确确是你自己的，而不是别人的梦想——这才是正确的前进之路。需要再加点茶吗？"他问道。

"谢谢，不用了。"我回答说，而脑子里则忙着思考他刚刚传授给我的心得。按照他的这套框架，一切似乎都要相对容易一些。不觉间，我发现自己已经完全沉浸在想要重新更加耐心、合理、完善地倾听一下自己的目标的欲望之中。

"现在就开始行动，"利奥-泰敦促道，"把我刚刚给你讲的指南和目标设定体系运用起来。让我给你一个挑战，现在就开始制定计划。然后立马开始行动，找到正确的方向，通过采取一些必要的初始步骤来帮自己实现目标和梦想。"

然后,利奥-泰又给自己倒了点茶。

"往深处想一下。想清楚为什么实现目标对你而言非常重要。制定好计划。行动起来。你所需的一切都在你的体内,都源自你的梦想。目标代表着你的时间轴上的梦想,它会指引你走向成功。要记住,每一段旅程都是一步一步走过来的。因此,现在就要开始思考。要有创造性,敢于冒险,尝试不同的事物,最重要的是,要设定好目标——并且要相信自己有能力实现这些目标。如果我是你,我会立刻开始行动。"

在接下来的几天时间里,我一直都在忙着思考和梦想,非常认真地对待他教给我的一切,直到今天也从不后悔曾经这样做过。

记住:设定目标很重要,因为它可以帮助你实现目标。它们代表着你的时间轴上的梦想,会帮助你不断进步。

第五部分

相信生活指引的道路,并坚持走下去

第二十章　全力以赴

一次，伦佐·格雷西（Renzo Gracie）在一场职业综合格斗赛事中击倒对手获胜，但赛后一位评论员采访他时，他却表示他之所以会获胜仅仅是因为运气好罢了。面对质疑，伦佐脸上带着机智的微笑，没有丝毫犹豫便做出了那个举世闻名的回应："噢，训练越努力自然就会越幸运！"

多么伟大的一位冠军啊——这才是一位真正的冠军应该给出的回答！

事实上，除极少数情况之外，通常来讲最优秀的运动员恰恰就是那些最努力训练的。尽管大多数运动员都会告诉你他们想要赢得比赛，但是那些天赋好到足以达到顶尖水平的运动员中却极少有人愿意为此付出成为一名冠军所需要的努力和献身精神。作为一位教练，我很容易看出哪些运动员有足够的决心，愿意为了成为冠军而付出代价。首先，这会体现在一个运动员在训练时所付出的努力和一惯性上。其次，最优秀的运动员都很享受付出相应的努力，进而成为最好的自己的过程。与绝大多数运动员相比，他们的用心程度和自信心有着一些可以衡量的差别，因为他们真的很享受努力训练，让自己变得更好的过程。

听听传奇橄榄球教练文斯·隆巴迪（Vince Lombardi）曾经对这种投入精神做出的描绘："一个人只要相信自己，有足够的勇气、决心，并且愿意为之献身，有足够的竞争动力，便可以成为自己想成为的伟大的运动员；如果你愿意为了值得的事情付出代价，牺牲生命中的一些小事，一切都有可能。一个人一旦做出承诺，便会激发出自身的最大潜能，我们将其称之为核心力量。一旦做出了这种承诺，任何事情都无法阻止你追逐成功。你越努力，就越难妥协、投降。"

不过，尽管如此，依然有很多天赋惊人的运动员选择安于现状，没有付出太多努力去提高自己。他们过得很舒服，不想通过努力训练将自己的天赋提高到另一层级，也没有付出应有的努力。就这样，他们最终会被那些训练更加刻苦的运动员所超越。因此，即便你不是教练所认为的那种天赋异禀的运动员也不要气馁，只要你在这条路上刻苦努力、保持热情，最终就会取得好的成绩。倘若你碰巧就是极有天分的一个人，要记住这样的天分可能是上帝赐予你的恩惠，也可能是一种诅咒。如果你由于认为这样的天分可以让自己更容易比别人表现得更好而停滞不前，那这种天分便不再是什么恩惠。心理强大的运动员明白，想要做到出类拔萃，一个人绝不能以得过且过为目标。

一次，我的一位青年学生赢得了全国冠军头衔。之后，我问他，看到自己多年来的努力最终得到回报是不是感觉很好。他承认这种感觉确实很棒，自己也很开心。

"那全国冠军先生，你现在有什么打算呢？"我逗他说，"你打算休息一段时间吗？"

"没门，"他回答说，"现在所有的孩子都想打败我，想要保住冠军的话,我必须比以前更努力才行。"

多么聪明的12岁小伙子啊。才这么小,他就已经意识到,想要保持较高的成功水平,自己必须比以往付出更多努力才行。不过,从他闪着的微光的眼睛中可以看出,他对自己的前途感到非常兴奋。

事实上,真正的冠军总会全力以赴。他们不仅愿意为了到达金字塔塔尖而付出一切,而且也愿意为了始终保持领先而在所不辞。为了提高自己,真正的冠军愿意做出牺牲。

想想伦佐·格雷西对那位评论员说的话:"训练越努力自然就会越幸运!"

那么……你有多坚定不移地想让自己的运气也来敲门呢?

记住:你一旦真的做出承诺,想要努力训练,成为一名冠军,便会调动核心力量这一强大的能量。

第二十一章　勇于承认未知

很多次,在我与职业拳击手或者经验老到的格斗家合作完之后,他们都会对我表示感谢,感谢我向他们展示了一些之前从未学到过的东西。这让我感觉很棒、很满足,因为他们给予我足够多的信任,勇于承认(即便他们已经是非常伟大的运动员了)自己对于我所教的东西一无所知。简而言之,这才称得上是真正的冠军。真正的冠军总能勇于承认,今天如果你能敞开心扉去学习新的东西,明天你就将变得更加强大。

在我们的职业生涯中,从来没有哪一个时期是我们已经学了太多，再没有什么可以学习的了。一旦你意识到，几乎在所有情况下，真正的冠军都是后天训练而成，而不是天生产生的时，你会更认同这一点。

真正的冠军勇于承认（尽管他或者她已经很伟大了），对于他们而言，重要的不是已经知道了什么，而是他们依然可以学到什么。他们知道，想要尽可能达到最高竞技水准，自己必须不断努力，每天都要有所提高。他们也知道，提高自身水平的最快方式是想办法改善自己的弱项，而不是强项。

因此，为了提高自身水平，内心强大的运动员必须非常清楚地了解自身的优势和劣势。然后（这一步很重要），他或者她必须下定决心将劣势转化成优势。

举一个网球运动员的真实例子。这位非常年轻、天赋异禀的网球手既有着毁灭性的发球技术，也掌握着一手漂亮的正手击球能力，但是她的反手击球却相对较弱，在比赛中应对对手的反手球时总是选择削球。一次，她在与教练的训练中，一次又一次地打出漂亮的正手回球时，偶然听到有人说她太过于依赖自己的正手击球了，以至于疯狂到不愿意把注意力放到练习反手击球上。之后，在接下来的几周时间里，她告诉教练，自己想要将所有的注意力都放在练习反手击球上。此后，仅仅练习了很短时间，她便取得了职业生涯中一次最伟大的胜利，在一次国际巡回赛的第二轮中登上了世界之巅。她已经做到了将自己的劣势转化成一项优势。

你也应该采取同样的策略：找到自己的弱项，然后更加努力地打磨它。没错，运动员应该锻炼自己在比赛中所需要的方方面面，但是真正的冠军明白，实力强大的对手总会发现并利用你的每一点不足。因此，他会制定一套行动计划，找出自己还不够强大的部分，然后努力提高。

既然如此，那么……你在哪些方面做得还没有那么好呢？你是否有一套行动计划来提高这方面的能力？一定要像冠军那样看待自己的比赛。通过找到自己需要提高的方面来让自己变得比以往更加优秀！不要因为训练的某些方面已经在发挥作用就推迟行动计划。认真听取前行路上的每一个好的建议，努力将自身的劣势转化成优势，这将会帮助你将自身的竞技水平提升到另一层级。

做出承诺，制定一套行动计划，并且努力将自身的劣势转化成优势，这样就能不断完善这一计划。

记住：不管是喜欢还是讨厌，成功人士总有足够的自律意识来约束自己去做那些必须做的事情。

第二十二章　改变你的心理状态

改变你的心理状态？这到底是什么意思？

还记得第一章中提到的那位不信任我的运动员吗？想想他在改变前处于怎样的心理状态？要是你能回忆起来的话，在找我帮忙时，他完全处于一种无力的状态。当时他很紧张、害怕、焦虑，完全没有一点信心。简而言之，除非他及时改变自己的心理状态，否则根本不可能在比赛中发挥得好。

那么，他在当时短短的几分钟时间里到底做了什么，才让最终的比赛结果如此不同呢？

如果你还记得的话，在接受了我的简单的辅导之后，他便改变了自己的心态，从先前完全处于恐惧的、无力的状态变成非常自信，做足了充分准备的状态。从表面来看，他像是变成了一个终于解开枷锁的强力统治者。而且，这个过程非常快！

之前我承诺过要教大家如何像他一样做到这点，所以现在我们就开始。到现在为止，你已经学到了很多东西，我知道你已经做好了准备。我现在所讲的就是你需要明白并且照着做的部分。

人的思维会创造情绪和感觉，而这些情绪和感觉会生成你的心理状态。任何心理状态都是由你的思维决定的。因此，无论何时，只要你发现自己陷入了无力的状态，你都要记住：你可以通过将注意力放在三个不同的关键性要素上来改变自己的思维和心理状态。

第一个关键要素是自我对话。问自己：一位冠军选手在进行赛前准备时的自我对话会是怎样的？

我把这位不信任我的运动员叫到一边，问了他一个简单的问题："如果你现在是一位拥有大量比赛经验的伟大的冠军，如果你拥有一系列令人难以置信的比赛纪录，如果你在自己所从事的运动中处于无人能及的顶尖水平，那么在这场比赛前你的自我对话会是什么样的？"

他看着我说："教练，我不知道。"

"那好吧，说些类似我很强壮、速度很快，我可以统治、控制比赛，我绝不会屈服和放弃的话怎么样？我很强大，能击败对手，就像一位挣脱枷锁的角斗士一样可以征服对手。我是一位不可阻挡的冠军，我的愤怒之力可以让任何对手臣服。又或者说说这样的话？我准备好了，我会掌控比赛，勇往直前。我从不会放松自己，我会赢得比赛。与对手相比，我更加坚强、强壮、出色，我会击败对手的。"

"明白我的意思了吗？"我问道。

"明白了。"他回答说。

"很好，我就想让你这样做。假装自己是位演员。开始把自己当成是位冠军，聆听一位冠军的自我对话，"我告诉他，"我想让你假装自己就是我刚才所描绘的这位冠军。我想让你开始在脑海中重复这位冠军在赛前准备时的自我对话。现在就开始，"我看了看手表说，"我们所剩的时间不多了。"

到这里，我开始停止说话，观察他慢慢地沉浸到这样的自我对话中去。这时，杰里米已经开始在脑海中像位冠军一样进行自我对话了。他在我身边有节奏地来回走动，将所有的注意力都投入到练习中。

大约一分钟之后，我再一次叫住他。"好，非常好，"我说道，"现在我们要再加点东西。"

第二个关键要素是你的肢体语言。问自己：一位冠军在比赛准备过程中的肢体语言会是怎样的？

"杰里米，"我对他说，"开始像这位冠军准备比赛时那样移动你的身体。"

他非常用心地在听我说。然后，我继续说道："要一直把自己看作是这位冠军，保持冠军式的自我对话，与此同时，我想让你现在就开始移动自己的身体，像这位冠军准备好击败对手一样。那么，你到底该怎样移动自己的身体呢？你将怎样像这位冠军一样在赛前准备中控制好自己？展示给我看，现在就开始，"我补充道，"现在你还有一分钟时间。"

杰里米即刻便开始了行动，就在我眼前，开始像位冠军一样移动自己的身体，进行赛前热身、准备比赛，寻找自己的节奏，与幻想中的对手练习，看上去充满能量，就像是一位等待被从笼子中放出来的角斗士一样。我一边观察，一边开始对即将到来的比赛充满希望，因为杰里米的身体动作已经开始变得像冠军杀手一样敏捷。

与此同时，在他像位冠军杀手一样移动身体时，杰里米也一直在脑海里不断重复冠军般的自我对话。

现在，有了冠军般的自我对话和赛前准备时的身体移动之后，我开始让他一个人做准备，一分钟都没有再打扰他。

第三个关键要素是呼吸。看到杰里米的幻想、自我对话和身体动作开始朝对自己有利的方向转变之后，我开始向他抛出第三个要素。"杰里米，"我问道，"现在，这位冠军在赛前准备时会如何调整自己的呼吸呢？继续保持冠军般的自我对话和身体移动的同时，现在我想让你加上一点冠军般的呼吸技巧从而为比赛做好准备。"

听到这些，杰里米便立刻开始调整自己的呼吸。如今，三个关键要素：呼吸、肢体移动和自我对话他都已经掌握了。现在的杰里米与最初来找我帮忙时相比，已经处在另一个完全不同的世界了。

就在那短短的几分钟快要结束时，杰里米已经完全换了一种心态。在踏上摔跤垫的那一刻，他已经在身体和精神上做好了准备，结果便打出了自己职业生涯以来表现最好的一场比赛。通过把上面提到的三个关键要素结合在一起，杰里米，这位最初不相信我的人，走出了自己的路，改变了心态，开始发挥出自己平时训练时的水平，像一位真正的冠军一样去比赛。

他就是这样做到的，你也可以像他一样做到这些。

作为赛前准备的一部分……

问自己：冠军们在赛前准备时都会对自己说些什么？

他们又是如何在赛前准备时移动自己的身体的？

在做好准备迎接比赛，面对对手的过程中，他们又是如何调整呼吸的？

找到以上三个问题的答案之后开始行动。在比赛开始前的几分钟时间内将这三个关键要素整合到一起，让自己进入一种做好全面准备、充满力量的状态。别让自己绊住自己，拿出自己平时训练时的水平来进行比赛。

记住：为了完全转变心态——在做赛前准备时，要像冠军一样进行自我对话，活动身体，深呼吸——你必须运用以上三个关键要素，并且将它们整合在一起。然后，在踏上比赛场地的那一刻让自己成为心中的那位冠军。

第二十三章　把握当下

当时，我正在忙着完成自己的大学学业。一天，利奥-泰给我打电话说，他想来拜访一下我，看看我待在布拉克山区（Black Hills）的什么地方。此外，在电话里他还说想去看看披头士乐队的那首老歌中，洛奇·雷昆（Rocky Raccoon）过去常常游荡的地方。

说到这里他就开始放声歌唱……

"在达科他州布莱克山区的某个地方，住着一位叫洛奇·雷昆的年轻小伙子。一天，他的女人跟另一个男人跑了，自己还被这个男人一拳击中了眼睛……"

利奥－泰在电话里唱着这首歌。这还挺有意思，他唱得还真不错。

因此，正如以前经常发生的那样，利奥－泰还是说到做到，想做什么就去做什么。现在，利奥－泰已经来到了布拉克山区看我。来到距离洛奇·雷昆家乡如此近的地方，他感到非常兴奋。

当我告诉他，我认为洛奇·雷昆实际上经常出没在戴德伍德（Deadwood）时，他对我说："那我们肯定要去那里看看。"

当时，我们正待在布拉克山区一个景色非常优美的地方，毕业后我在斯皮尔菲什峡谷（Spearfish Canyon）谷口租了一个住所。我带着利奥－泰沿着一条通往山谷高处的小径来了一次短途旅行。

小径尽头的壮丽景色让利奥－泰感到非常吃惊。

"丹尼尔－圣，"他惊叹地说道，"这里的景色太美了。"

"很令人难以置信，对吧？"

"确实很美！"他疯狂地笑着说。

我告诉他坐在哪里可以欣赏这个世界上最美的地方的

景色，看到最美的日落。我从包里拿出了两瓶佳得乐和我的日记本，以便在我们欣赏日落（后来我们两个一致认为这是自己曾经看到过的最美的日落之一）的景象时，我能随时记下他的想法。

利奥-泰的话总是非常简洁而且能切中要害。他从不说得很快，总是尽量保持简单。

"丹尼尔-圣，一定要让自己完全沉浸在当下……那才是成功的关键。你的目标就是学会如何在整个比赛过程中做到这点。要始终做到在当下比赛，做到心神合一，发挥出平时的训练水平，不要让任何想法妨碍自己的表现。丹尼尔-圣，这就是数个世纪以来人们一直在试图学会的勇士精神。现在我告诉你如何成熟地做到这点。

利奥-泰两眼望着遥远的天边继续说："通过理解和练习书中讲到的一些技巧，一个人可以学会如何创设一种在比赛过程中始终保持平静的内心环境。保持内心平静是一项勇士才有的技能。它会帮助你在当下将所有的力量集合到一起，让你不自觉地表现得完美。在内心深处，勇士和冠军没有一点凌乱的杂念，相反，他们此刻只是一个全身心投入到行动中的不可阻挡的冠军。"

我一边听利奥-泰说着,一边想起了最近看到皮特·桑普拉斯(Pete Sampras)在一次接受采访时被问道,在网球比赛的关键时刻他一般都会想些什么。他的回答很有趣,也恰恰证明了在比赛的那一刻他是全身心投入的。"什么都没有,"他回答说,"我什么都没想。"

"一位真正的冠军,"利奥-泰说道,"会学会如何让自己感觉不到压力。因为压力是由焦虑产生的,而焦虑又只有在一个人的思想从当下游离到未来的一些不确定的事情,或者过去的某些失败上时,才会产生……丹尼尔-圣,当下这一刻有着强大的力量,一定要把握好当下。

"想要帮助自己发挥出最大潜力,勇士和冠军必须掌握的两个能力是:识别出自己的思想没有集中在当下的能力和将自己的思想带回到当下的能力。当你的思想像赛马一样乱窜时,要把注意力放在呼吸上,把思想拉回来。这样做会帮助你到达一个节点,让你确认自己可以做需要做的事情,而且不用付出太多努力便可以做到。在这个节点,你可以做到自如、准确地发挥出自己的技巧,做出正确的行动。"

"你在说安静的内心吗?"我问道。

"没错,安静的内心只存在于当下。没有担忧、评判、恐惧和希望,在整个比赛的过程中让你的整个内心完全处于当下。你必须不断练习如何在登上比赛场地的那一刻,将装满大脑的所有杂乱思想、个人状况和干扰都抛在赛场外。尽管从过去中学习很重要,但有些时候,我们也需要学会抛开过去。尽管为未来做好准备很重要,但活在当下也要求我们必须在某种程度上抛弃对未来的想法。"

利奥-泰仔仔细细地看着我,以确保我明白他的意思。

"现在是你该表现自己的时候了,而当下恰恰是现在所存在的唯一一个地方。要不断练习让内心平静下来,将它带回到当下。想要发挥出自己的最高水平,就要学会静下心来,找到当下——明白了吗?"

"我觉得自己明白了。"我告诉他说。

"那你必须多加练习才是,那样才可能了解其中的奥秘。"

利奥-泰再一次帮助我更好地理解了他口中的勇士行为。

记住："做到完全沉浸在当下才是成功的关键。"

第二十四章　做好胜利的准备

我已经跟利奥-泰一起训练了好多年。现在,被海军飞行计划录取之后,我们两个都明白,或许得过很长一段时间我才能再回来。

"你必须做好获胜的准备,"那天晚上上完持刀搏击训练课后,利奥-泰告诉我,"冠军会始终让自己做好获胜的准备。"

他知道我在认真听他讲。

"一定要始终运用我教给你的内心预演和幻想方法,"他告诉我,"它们可以培养你的自信心。而自信恰恰就来自于明白自己在肢体和精神上都已经做好了准备。自信可以帮助你本能地了解下一步该怎样做，即使在并不能完全确定的情况下。它也会给你极大的帮助。因此，一定要不断想象成功的画面。"

说话间，利奥-泰已经开始把我们一直训练用的刀收起来了。

"丹尼尔-圣，你必须相信自己。在脑海里，一定要全身心地投入到比赛中。消除一切疑虑，不给它留下任何空间。在进行赛前准备时，一定要保持自信，相信自己……要始终认真对待自己的训练。始终保持注意力。记住：当你学会如何不让自己挡住自己的去路时，你所创造的这种神经-肌肉间的联系便会占据上风。在训练中，你的注意力越集中，你就越能在必须全面展现自己时做到相信自己。"

利奥-泰继续说："记住，心理训练可以帮助勇士们掌握将分析能力抛在一边的能力，让他们尽可能长时间地做到这点，以达到发挥出自己平时的训练水平，凭自己的本能去打比赛的目的。做到这点时，你便做到了自信、放松，有了足够的决心。之后，一切都会变得顺风顺水。你的表现也会达到职业生涯的巅峰。实际上，这是对赛前进行了充分准备的你的一种奖励。记住，永远不要忘记——绝不要凭蛮力去苛求巅峰表现。你必须做好正确的准备，以努力让其发生。现在，你应该知道怎样做好准备，以塑造自己理想的心理状态了吧。"

我戴上值班帽，穿上值班服，跟着他来到了值班室门口。他刚刚所讲的一切太有道理了。

"问题的关键在于学会如何不让自己的意识阻碍自己，"他提醒我说，"要想办法发挥出平时的训练水平。丹尼尔-圣，不要忘了，有时候提高自己意味着要放弃旧的方式。因此，一定要对学习保持开放的心态，放心吧，想要实现目标，发挥出自己的最大潜力，没点勇气是不行的。准备好去努力训练吧。"

走出值班室时，我感觉到，他也许还没有做好放手的准备——后来，我想也许在当时那一刻他想起了我的哥哥。

他看着我说："最重要的是要学会像位冠军一样去准备比赛。你必须找到自己心中的勇士。必须全身心地去与人竞争，做到在比赛结束时无怨无悔。冠军们总是会做好取胜的准备。一定要记住,想要成为冠军,你必须首先表现得像位冠军。"

"我会的。"我一边跟他握手,一边保证道。他能看出来对于他为我做的一切,我都非常感激。

他笑着说:"你今天做得不错。"

就这样,说完这句话,我们的这堂课也结束了。

之后,过了很长一段时间我才再次见到利奥-泰。首先是在格林纳达,然后是在巴拿马,最后是在中东地区。

记住:冠军总会做好获胜的准备。

第二十五章　继续前行

一次，在利奥-泰家乡附近的海岸线，我们两个走了很长时间。我发现自己在思考，自从多年前的最后一堂课以来，这些年的时间过得是如此之快。利奥-泰依然可以像以前做过很多次的那样，要求我跟上他的步伐毫不费力地大跨步前行……那一次，伴着海鸥、海风和海浪，我们缄默不语地走了很长时间。

最后，当我们停下来时，利奥-泰在一块看上去很舒服的石头上坐了下来，而我则倚在了一块更大的石头上。他皱着眼睛望向远处的大海，那是我第一次注意到他看上去很累。（我心想，利奥-泰到底多大岁数了呢？不过，虽然心里这么想，但是却从未开口问过。）

"看看这些海浪，"他喃喃地说道，"它们不断地再生，又不断地注入彼此。对于它们来说，生命永远没有终点。永远没有，有的只是不断地再生和退去，一遍又一遍循环往复。"

一只海鸥在岩石上空盘旋着。

"这便是地球的循环，"利奥-泰说，"我们现在在这儿，将来终会有离开的一天。我们出生，然后又会死亡。但不管怎样，世界一直在不停地变化，只不过变化的速度太慢，我们理解不了罢了。"

"我希望你不要这么快就打算驾鹤西去。"我有点不安地打趣道。

"但谁又知道呢？我们不知道的东西太多了。但是，丹尼尔-圣，即使这真的发生了，也并不意味着世界末日来临了，只不过是另外一些有点不同的事情的开始。这便是一直以来我从不跟你说再见的原因。"

听到这些，我惊讶地意识到事情真的像他说的这样。

在认识利奥-泰这么多年的时间里，他总是悄悄地消失，或者微笑着将我关在门外。我甚至都记不起他曾经对我说过"再见"。

尽管如此，但他语气中的某样东西还是让我再看了他一眼，我心想：难道这一次就代表着他实际上从未说出过的再见？他是要去一个更需要他的地方吗？尽管我们已经在一起训练了很多年，但是他看上去似乎总是如此，不管是电话另一头的声音，还是从一个我从未去过的地方写来的信，但他总是萦绕在我的肩膀左右，他教给我的东西总是能够成为我生命的一部分。

后来，他安顿好之后对我说："现在，告诉我为什么你感到难过？"

"难过？我认为，我不会将这种情感称之为难过，"我回答说，"也许是觉得有点迷茫——感觉生活有点不完整……是的——但绝不是难过。"

如今，生活已经发生了如此多的改变。我已经去过世界各地的很多热点地区，见够了世态炎凉，厌倦了这种生活。幸运的是，我成功从中走了出来——不像我的一些朋友那样,我成功地处理了一些灾难性的打击。我能感觉到,利奥-泰可以看出我并不是在开玩笑,我真的已经看破了一切……但是他至少还和从前一样,依然用那双苍老的眼睛关心地看着我。

"你已经彻底失望了。"他说道。

"您这么说就有点轻描淡写了。"我回答道。

"在那么一个节点上,你会清楚地意识到:你处在什么位置上这件事已经不再能激励你了——而且你意识到如果你保持静止不动的话,最终就将原地踏步。但不选择静止不动有什么不对吗?祝贺你,有些人终其一生都生活在束缚中,但却始终没有意识到打开束缚的钥匙始终握在自己手里。"

利奥-泰看着我,轻轻地摇了摇头。

"丹尼尔-圣,天知道有什么在等待着你,永远不要在意当下你的脑子里充满的不确定性。要明白,生活并不总是会按照我们预想的方式来过。虽然你在坚持自己的梦想,努力实现目标,但生活或许依然不会按照你计划的方式展开。但是你要试着这样想:如果我们最初没有选择任何道路,不为实现计划付出任何努力,我们现在又会在哪儿呢?所以,我要说一点方向感都没有不会有任何好处。"

"好吧,但这确实就是我现在的感觉,"我告诉我的老朋友,"一点方向都没有。"

"丹尼尔-圣,也许这确实是你的感觉,但我却不这么认为。如果有人真的做到了让自己脱离一切,获得自由;如果有人在生活冷不防地给他一击之后重新振作了起来,那至少也是一种方向——对此,你难道不赞同吗?让自己振作起来或者给自己自由也是一种方向,也是实现某种成就的一部分。"

我看着远方的太阳慢慢地在我们面前垂进了地平线。

"求求你了利奥-泰,你能直接简单地说出你的观点吗?"

"可以。我的观点是,尽管我们或许并不明白,但有时候生活真的会将我们带到一条新的、之前从未要求过、梦想过或者想象过的道路上……归根到底,这就是你现在正在经历的事吧?"

"与其过度分析、怀疑生活给你指引的方向,为什么不简简单单地接受生活已经为你开辟出了一条新的道路这一事实呢？不要在内心深处自我怀疑了。这只会让你感到困惑。因为，事实是，以前存在的东西都已经消失在了过去，现在的一切，不管是什么，难道不才是你真正应该在乎的吗？"

我一边看着海浪和海鸥，一边认真地听着。

"我的朋友，过去的都已经过去了。你可以回过头来看看过去，但那也不过是一种反思而已。未来就在眼前……但是这是一种尚未实现的未来。因此，在现实中，我们能把握的只有今天，而今天就在当下。为什么不在这条新的道路上一步一步地继续前行呢？虚构出一些新的梦想，将它们放逐到宇宙中，始终抬起你的头，保持自信，发现前行之路上的新事物。既然是生活指引你走上了这条路，那你就要相信它，并坚持走下去。"

利奥-泰继续说着。

"丹尼尔-圣，我相信能够做到这点的人都可以很快发现新的前行之路在带领他们走向最自然、最舒服的方向；拥抱新的冒险，带着强烈的自我信念去迎接它吧。我怀疑在不久之后，你便会发现，新的方向带给你的回报和惊喜会超过你所有的想象……沿着生活为你铺好的路走下去，追随自己的命运。宇宙是不会犯错误的，我们每个人都有着明确的去向。每当你的生活状态看似失去了对目标的坚定性时，你都必须记住这点。要始终记住——你必须去需要你的地方，然后——"说到这里，利奥-泰停顿了一下。

"然后怎么样啊？"我问道。

"我的朋友，然后你就必须继续前行，就是简简单单地继续向前走。"

我让自己慢慢地领会他刚刚说过的话。随着太阳逐渐模糊地消失在海平面上，我想起了这么多年来利奥-泰在很多个日落时教导我的场景。或许他自己也还记得这些，因为他突然说："在我们所有的课程中，你觉得一直以来我最希望你记住的一点是什么？如果答案只有一个的话，你觉得可能会是什么？"

我心想，重要的事情简直太多了。我想起了与浣熊的那场打斗，想起了我所犯下的很多错误，想起他把我从场地上扶起，替我掸去身上的灰尘，然后又让我重新开始。

我努力地想着：学会如何做到绝不屈服，不让消极思想干扰自己，要学会自律，要活在当下，学会控制愤怒和恐惧，学会利用幻想工程，相信梦想。

然后，我想起了他所说过的："自我信念会让一切朝着自己希望的方向发展。"

"自我信念。"我告诉他。我们的眼神交汇在了一起，他得意地看着我。

"丹尼尔-圣，非常好，有时候你真的让我很担心，但是以后不会了，"他告诉我，"现在，你让我感到很放心。"

"真的吗？"

"哦，让我再想想——不，我说的不是真的，我把刚才的话收回。"

"太晚了，我已经听到了。"我打趣道。

"那又怎么样？"

"如果我听到你这样说了，那这就一定是真的，你是无法收回的……此外，我也得行动起来，去见见一些人了。是时候跟你说再见了。"

他看着我。

"喔,丹尼尔-圣,我的朋友,永远不要说再见。"利奥-泰笑着摇摇头,责备我道。他仿佛依然在担心我:"永远不要说再见。"他一边看着我,一边转过身,依然面带微笑沿着浪头往回走去。

我就这么看着他慢慢溜走,就这样让他瘦小的身形慢慢消失在了远方。我心里在想,或许这就是最后一次见到我的老朋友了——他知道吗?——直到今天,我依然在纳闷,但是在那时,我就是那样看着他慢慢地走了。

我回想着。

不知怎么地,他再一次做到了这点。他那天告诉我的想法很有道理。他教给我的东西带给我很大帮助。

然后,就像他想让我做的那样……

就像我们所有人必须做的那样……

我们继续前行。

出版后记

利奥-泰仿佛还在我们的耳边低语:"有些人终其一生都生活在束缚中,但却始终没有意识到打开束缚的钥匙始终握在自己手里。"没错,这就是一本帮助我们打开束缚的书。

如何在关键的时候将自己的表现发挥得淋漓尽致,一直是一个备受关注的问题。我们仿佛总能听到其他人把"心态"挂在嘴边,可心态又是什么呢?所谓的心态真的是动动嘴巴就能解决的吗?

本书的作者丹尼尔就把这所谓的心态具象化,手把手、一步步地教会我们调整自己，让自己的每一次表现都宛如华丽的绽放。这其中不仅包含了心理上的循循善诱，也有不少切实可行的操作方法和身体上的训练。为了不使这一过程过于空洞乏味，作者还将这一套教程与自己的亲身经历交织在了一起。他是联邦特工，他担任过大学心理优势训练师，他追击过夺命毒贩，他险些在水中丧命，但他最终还是活了下来。

现在，是你优化自己的临场表现力的时候了。

后浪出版公司

2018年3月

图书在版编目（CIP）数据

超水平发挥 /（美）D.C.冈萨雷斯,（美）爱丽丝·麦克维著；付金涛译. —— 南昌：江西人民出版社, 2018.6
ISBN 978-7-210-10221-2

Ⅰ.①超… Ⅱ.①D…②爱…③付… Ⅲ.①成功心理—通俗读物 Ⅳ.①B848.4-49

中国版本图书馆CIP数据核字（2018）第034822号

The Art of Mental Training: A Guide to Performance Excellence
Copyright © 2013 Daniel C. Gonzalez
All rights reserved.
本中文简体版版权归属于银杏树下（北京）图书有限责任公司。

版权登记号：14-2018-0053

超水平发挥

作者：[美]D.C.冈萨雷斯　爱丽丝·麦克维　译者：付金涛
责任编辑：胡　滨　刘荆路　特约编辑：曹　可　筹划出版：银杏树下
出版统筹：吴兴元　营销推广：ONEBOOK
装帧制造：墨白空间　封面设计：MM 末末美书
出版发行：江西人民出版社　印刷：北京盛通印刷股份有限公司
889 毫米 × 1194 毫米　1/32　5.5 印张　字数：76 千字
2018 年 6 月第 1 版　2018 年 6 月第 2 次印刷
ISBN 978-7-210-10221-2
定价：36.00 元
赣版权登字 -01-2018-113

后浪出版咨询(北京)有限责任公司 常年法律顾问：北京大成律师事务所
周天晖 copyright@hinabook.com
未经许可，不得以任何方式复制或抄袭本书部分或全部内容
版权所有，侵权必究
如有质量问题，请寄回印厂调换。联系电话：010-64010019